服装实战技术系列丛书

服装工艺实战技术

——从做工到标准

刘霄 著

東華大學出版社
·上海·

图书在版编目（CIP）数据

服装工艺实战技术：从做工到标准/刘霄著.—上海：东华大学出版社，2016.6
ISBN 978-7-5669-1078-3

Ⅰ.①服… Ⅱ.①刘… Ⅲ.①服装工艺 Ⅳ.①TS941.6

中国版本图书馆CIP数据核字（2016）第133802号

责任编辑　吴川灵
封面设计　雅　风
版式设计　刘　恋
封面插画　郝永强

服装工艺实战技术
——从做工到标准
刘 霄 著
出版：东华大学出版社(上海市延安西路1882号 200051)
本社网址：http://www.dhupress.net
天猫旗舰店：http://dhdx.tmall.com
营销中心：021-62193056　62373056　62379558
电子邮箱：805744969@qq.com
印刷：苏州望电印刷有限公司
开本：889mm×1194mm 1/16
印张：9.5
字数：334千字
版次：2016年6月第1版
印次：2016年6月第1次印刷
书号：ISBN 978-7-5669-1078-3/TS·708
定价：38.00元

前　言

一件服装的完成要经过款式设计、板型设计（结构设计）和工艺设计三个环节。板型设计和工艺设计属于技术范畴，品牌懒以生存的核心竞争力往往是技术的竞争。

目前国内企业对板型和工艺技术的重视远远低于款式设计师。而板型师和工艺师是服装企业技术队伍的主导力量，只有拥有一支稳定的板型师和工艺师队伍，才能更好地延续品牌的板型和工艺风格。

本书有别于市面上其他的工艺书籍，内容全部由作者根据任职过的服装公司技术研发部的工艺技术标准流程整理而成。

本书体现了作者多年来的工作实践经验形成的个人风格，由于水平有限，如有错漏在所难免，恳请前辈、先师及各位同行不吝指正。

本书在编写的过程中得到林福云、刘祎涵、刘昕扬、何庆波的大力协助，在此表示衷心的感谢。

作者

2016年3月20日于鹏城

目 录

第一章 裙子和裤子工艺 /1

第三章　服装常规工艺做工标准 /97

第四章　服装工艺瑕疵检查 /131

关于本做工标准

一、目的

为了给予公司各个品牌的纸样师、工艺师、车板师以及生产线上的员工在进行纸样制作、工艺缝制中有一个统一规范的标准， 在结合公司各品牌的纸样、工艺做法的基础上，编写了常规裤子、裙子、西装外套类做工标准。

二、适用范围

本书适用于公司旗下的所有品牌。

三、用语定义

1. 做工

这里的做工，是指服装工艺师、车板工、手工等，根据纸样师提供的纸样剪裁出衣片，并结合设计要求、工艺要求、款式效果，把剪裁出的衣片组合缝制成一件成衣的过程。

2. 标准

指导正确发展方向的依据。

四、实施

此做工标准于2015年1月1日开始实施。

第一章

裙子和裤子工艺

此章节重点介绍裙子和裤子的常规制作工艺，以图文并茂的形式来展现，力求以清晰的图解案例让读者有所获益。

第1节　裤子常规缝份的加放——面布

缝份

1. 缝份分为内缝和外缝；
2. 侧缝（内、外侧缝)为外缝，缝份一般为1.3cm；
3. 腰口缝为内缝，缝份一般为1cm；
4. 前后浪缝份一般为1.1cm。

注意：刀口一般以关节点为标识位置，如坐围、膝围等腰头或腰贴有接侧缝的一定要有刀口。

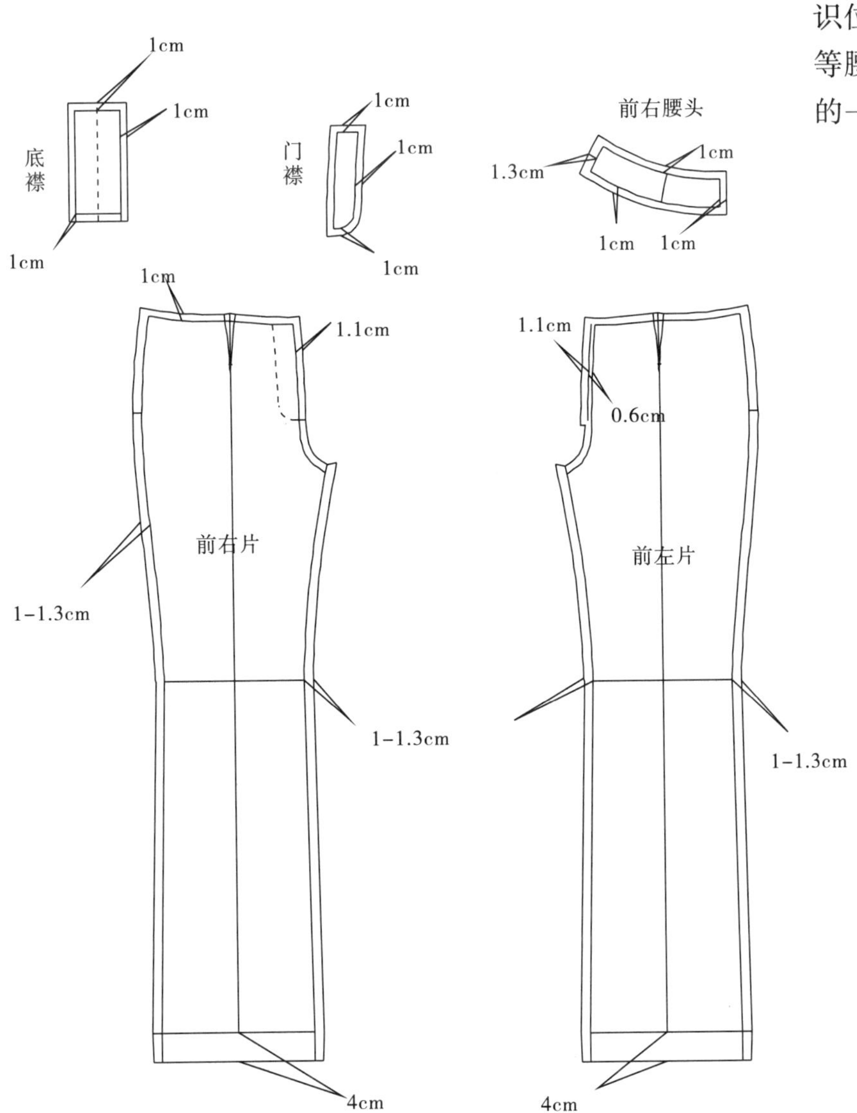

裤子常规缝份的加放——面布

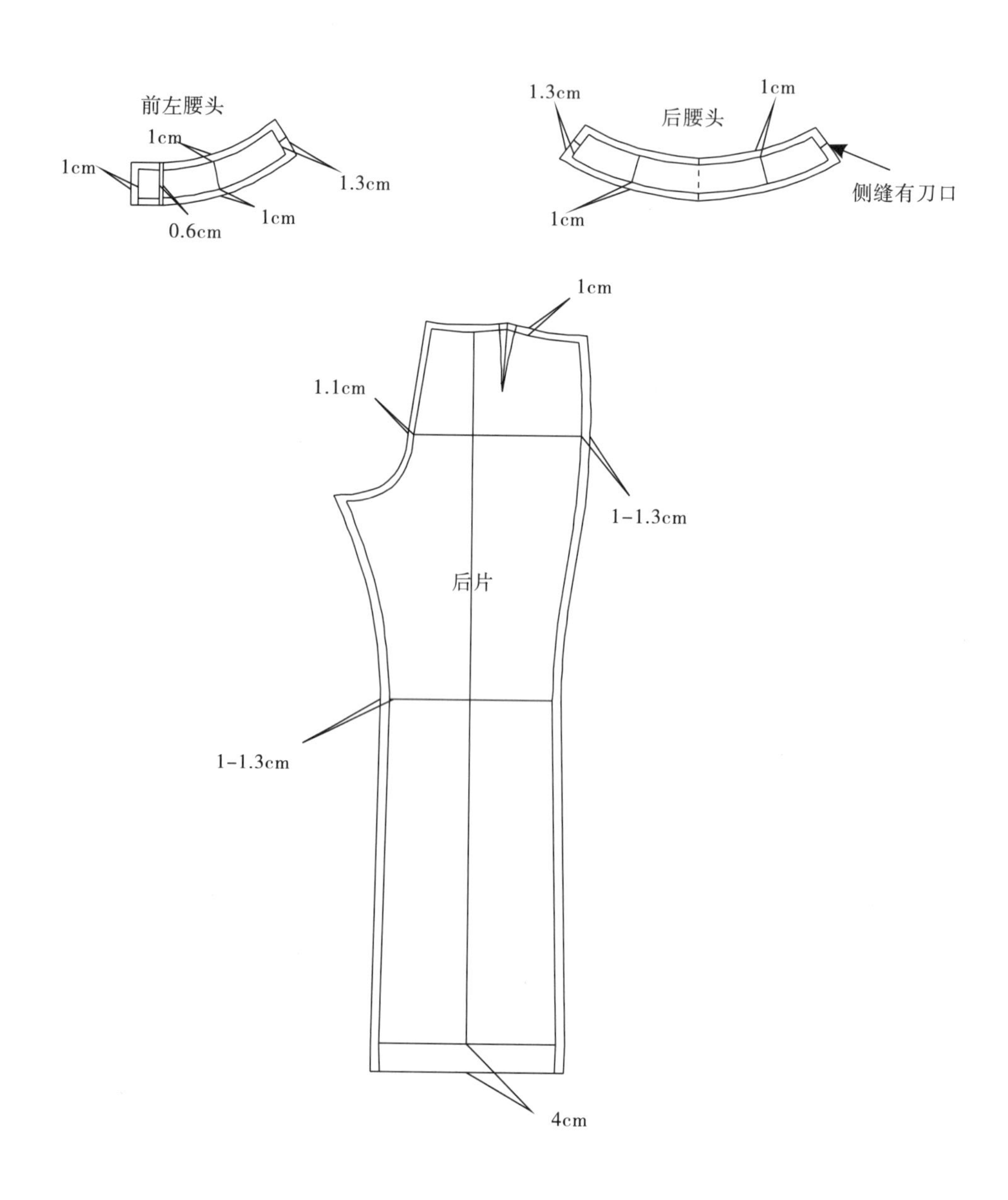

第2节　裤子常规缝份的加放——里布

说明：

里布先加出0.5cm风琴再往外加出缝份，缝份的大小和面布一样。

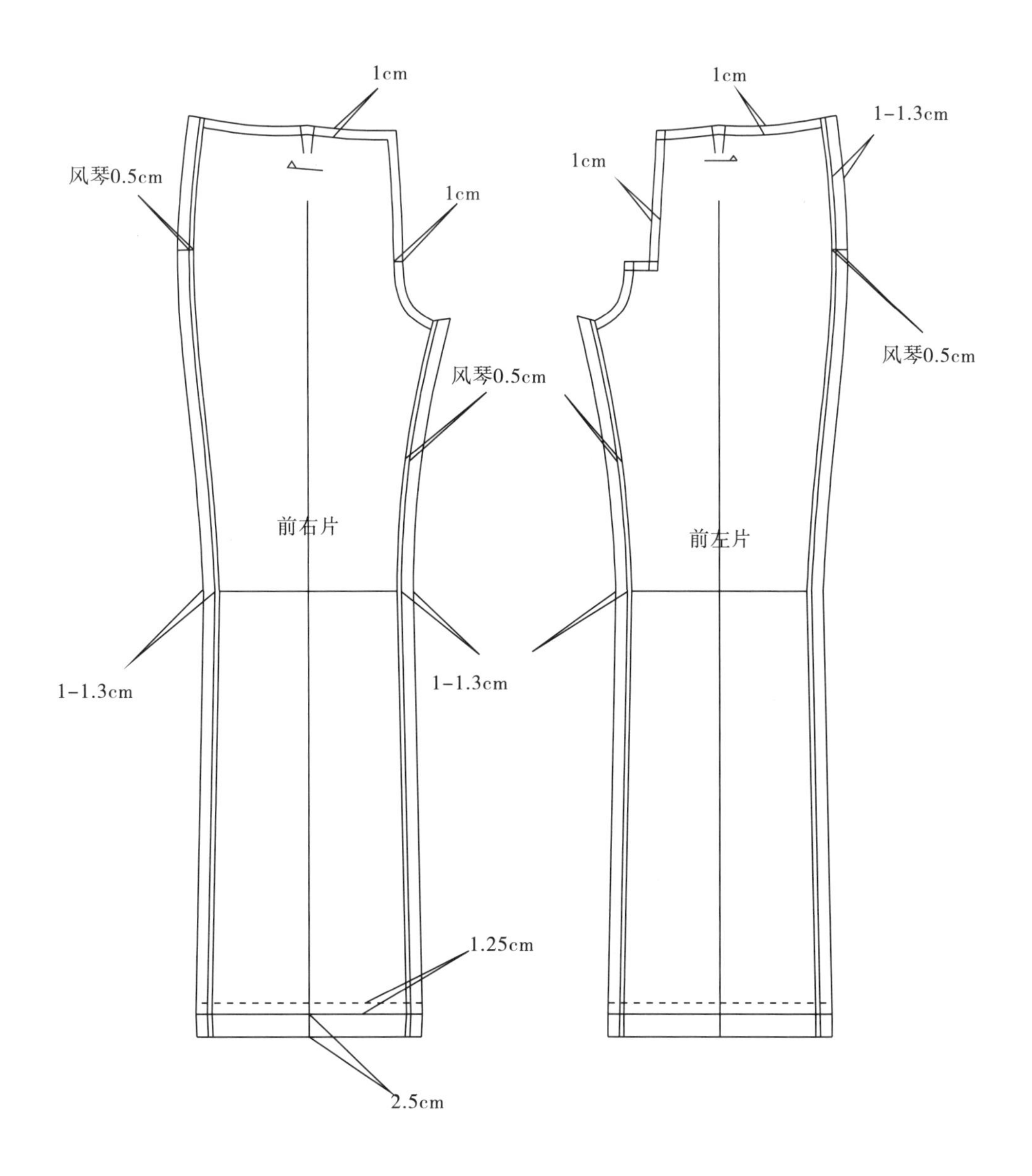

裤子常规缝份的加放——里布

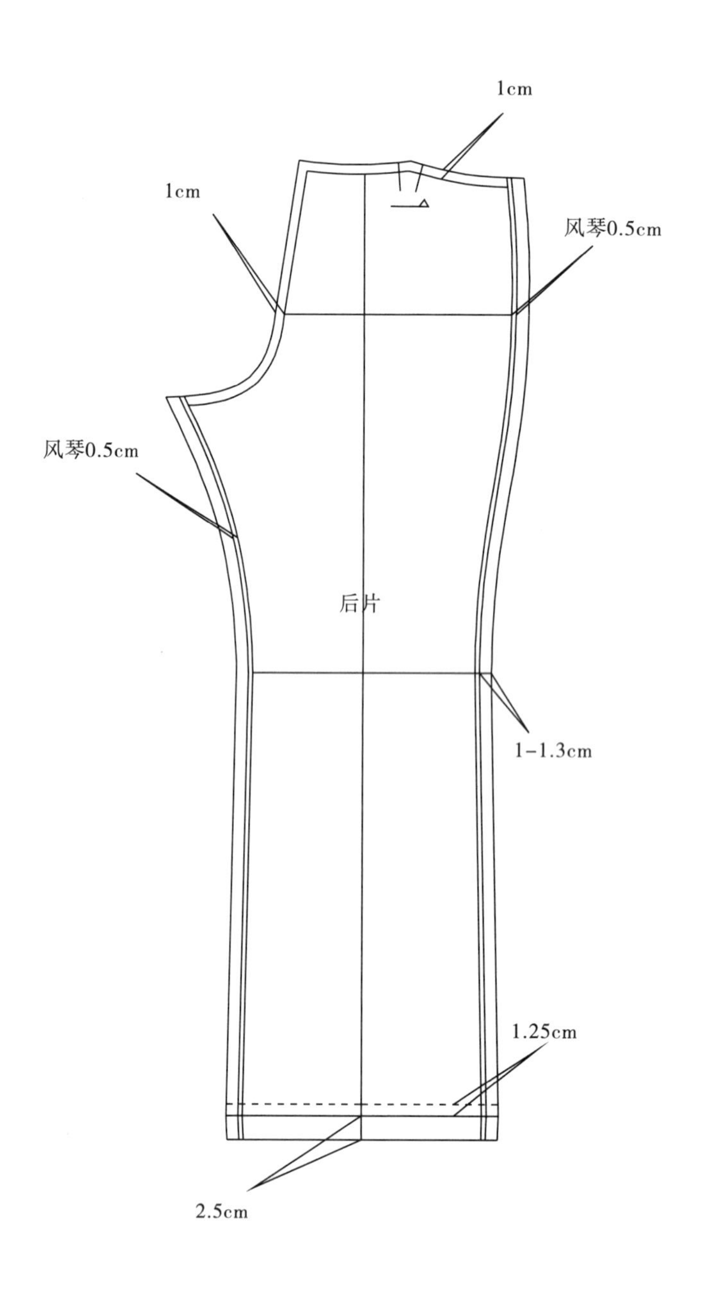

第3节　裙子常规缝份的加放——面布

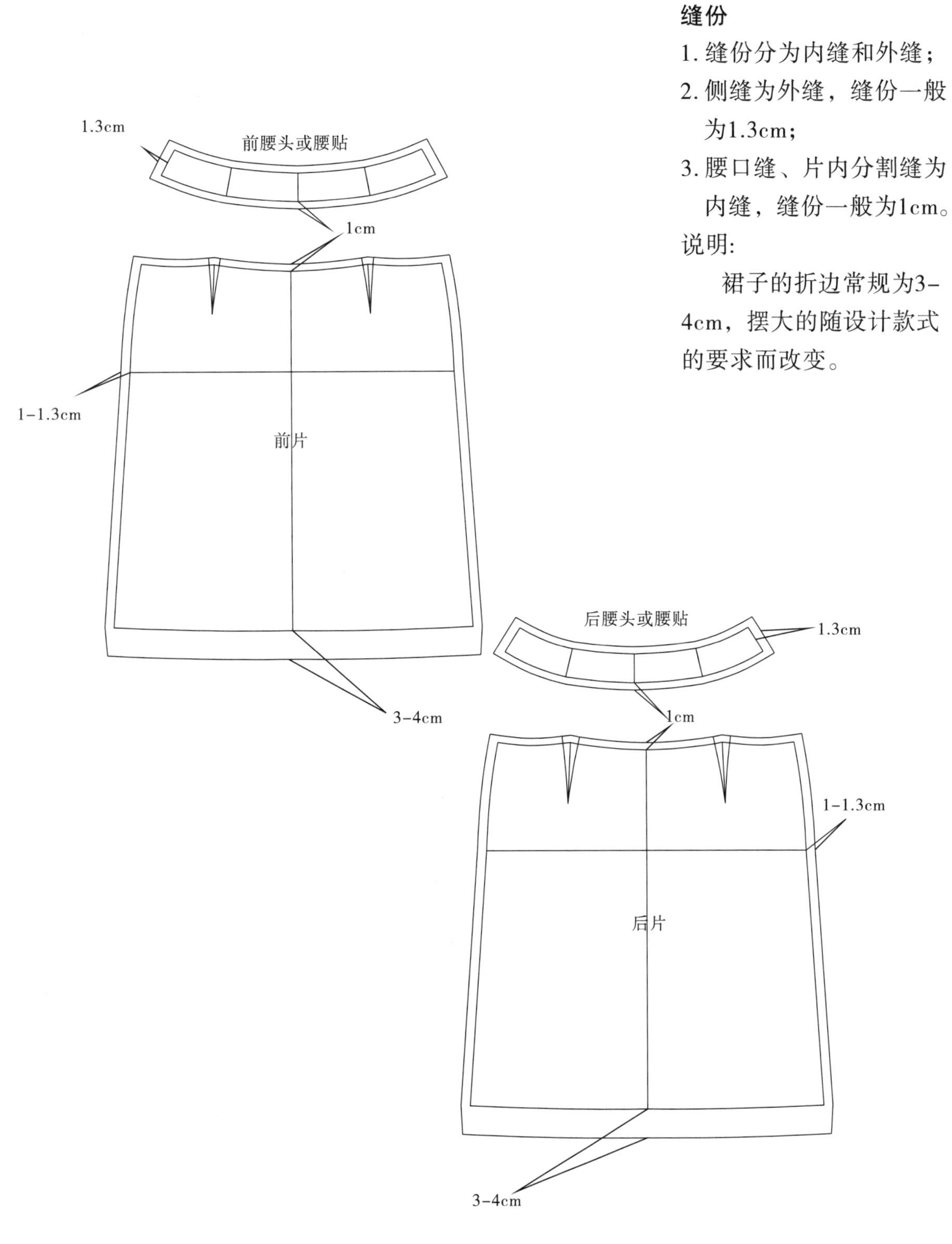

缝份

1. 缝份分为内缝和外缝；
2. 侧缝为外缝，缝份一般为1.3cm；
3. 腰口缝、片内分割缝为内缝，缝份一般为1cm。

说明:

裙子的折边常规为3-4cm，摆大的随设计款式的要求而改变。

第4节　裙子常规缝份的加放——里布

说明:

里布先加出0.5cm风琴再往外加出缝份，缝份的大小和面布一样。

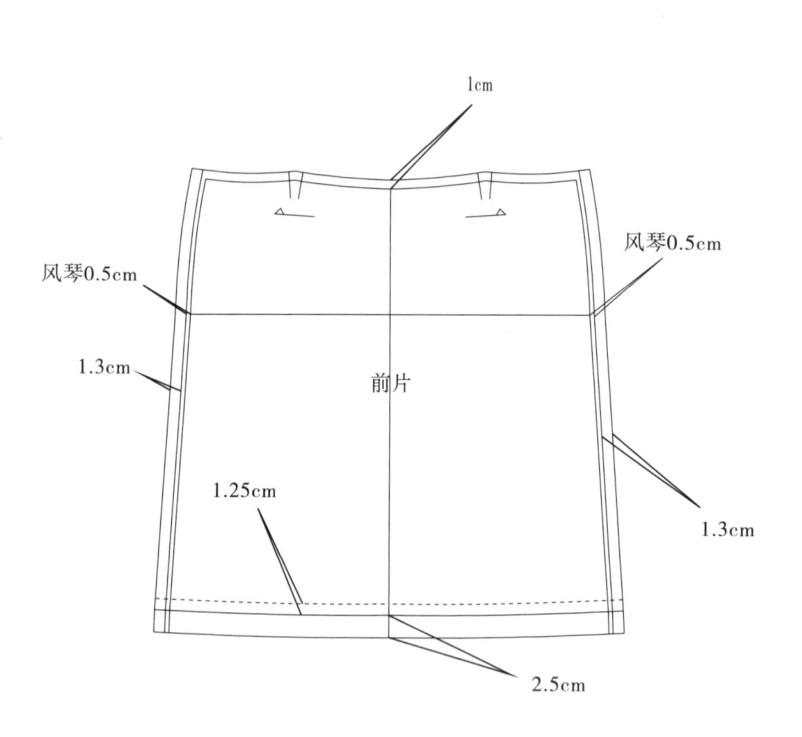

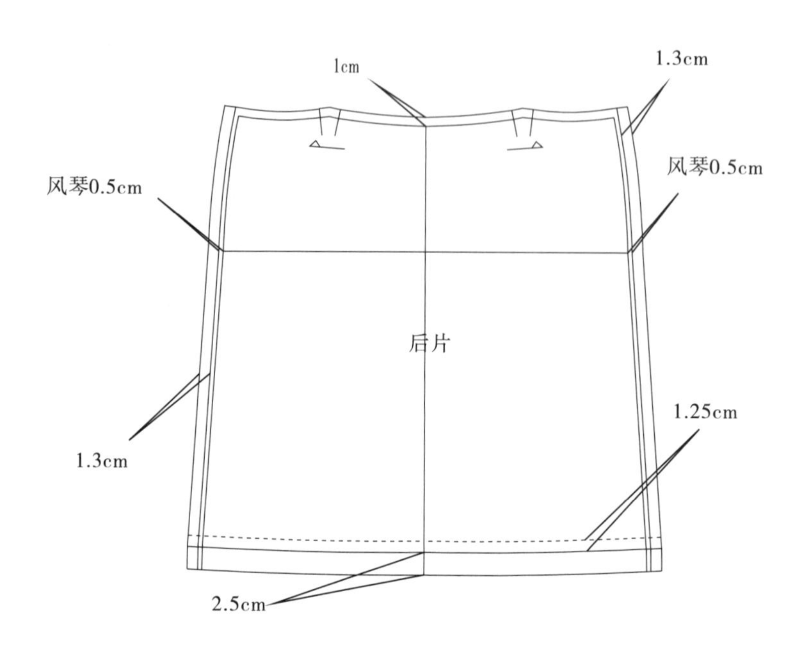

第5节　面料

一、梭织面料（包括需裁剪针织布）

1. 大货面料到仓，要及时验布、测试缩水、热缩和色牢度。热缩率超过2%的应再次过热缩机,直至达到要求。水缩率超过4%的，面料做洗水处理。水缩率在2%–4%之内的排料加放处理后方可裁剪，但在入库前成品必须缩水到位（不可水洗的面料只看干洗缩率和热缩率）。
2. 定位花或格子面料按要求裁毛片修剪，如有疑问，必须确认清楚方可裁剪。
3. 垂感较好，纱线易走形的面料，裁床必须按毛样吊纱裁剪。
4. 针织面料必须先放松20小时以上方可裁剪。
5. 缩水比较大的面料必须放毛裁剪，单片缩水处理。

二、针织面料（针织纱线片，需纸样裁剪）

1. 大货织片到仓，要及时检验尺寸、色差、疵点、测试水缩、热缩以及色牢度。定位花面料及格子面料按要求裁剪毛片修片，如有疑问，必须确认清楚后方可裁剪。
2. 大货新纱线到仓，要及时验纱。通知生产部织一块50cm×70cm样品测试水缩、色牢度，测试后确定纱线性能，方可大货生产。
3. 每件织片要求同一缸号的纱线（避免染色误差），裁剪时要注意每一件衣服的织片不可有色差。
4. 外协织片检验合格，中烫归整烫平。平车沿纱线片定位一周（0.1cm）。
5. 车线定位完成后，织片需经高温定型机高温定型。待冷却后方可叠平放置。
6. 高温定型后纱线片最少放置24小时以上方可开刀裁剪。
7. 整件裁剪时面布不可打刀口，刀口用褪色笔或蜡笔点位。

第6节　裤子常规粘朴部位

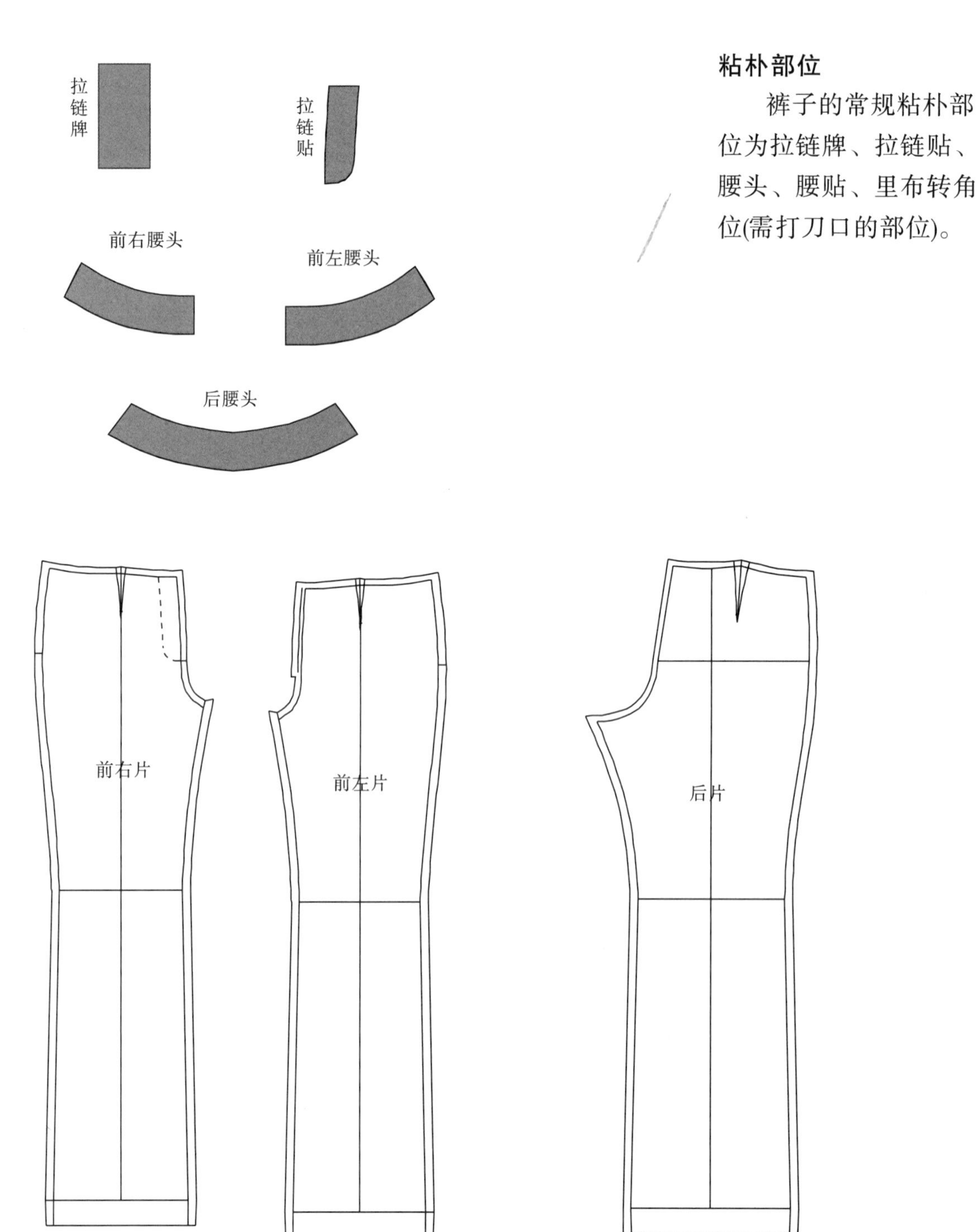

粘朴部位

裤子的常规粘朴部位为拉链牌、拉链贴、腰头、腰贴、里布转角位(需打刀口的部位)。

第7节　裙子常规粘朴部位

粘朴部位

裙子的常规粘朴部位为拉链位、腰头、腰贴、里布转角位(需打刀口的部位)。

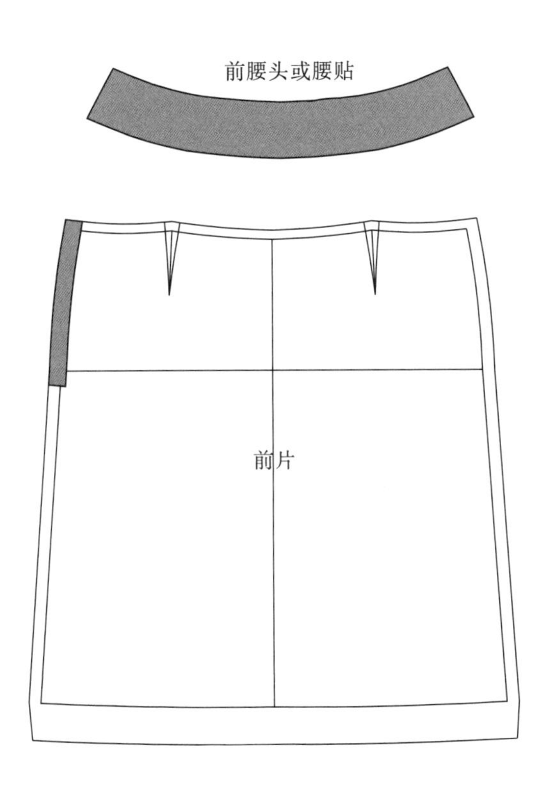

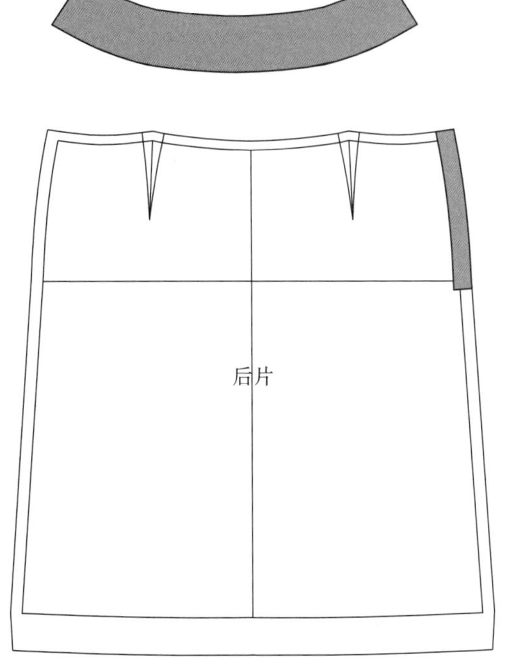

第8节　缝份资料

平车拼缝——烫开缝，打边完成

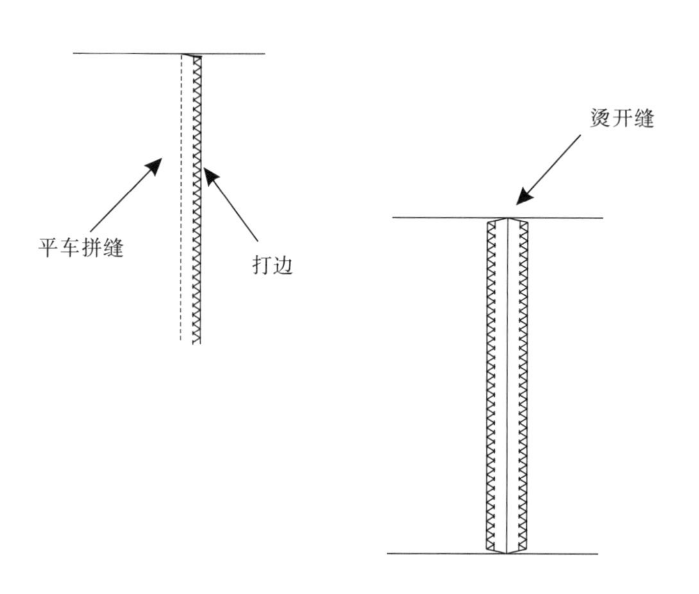

1. 1-1.3cm缝份；
2. 毛边打边；
3. 平车拼合。

注：如果有车面线烫倒缝，请看设计要求。

锁链车拼缝——烫开缝，打边完成

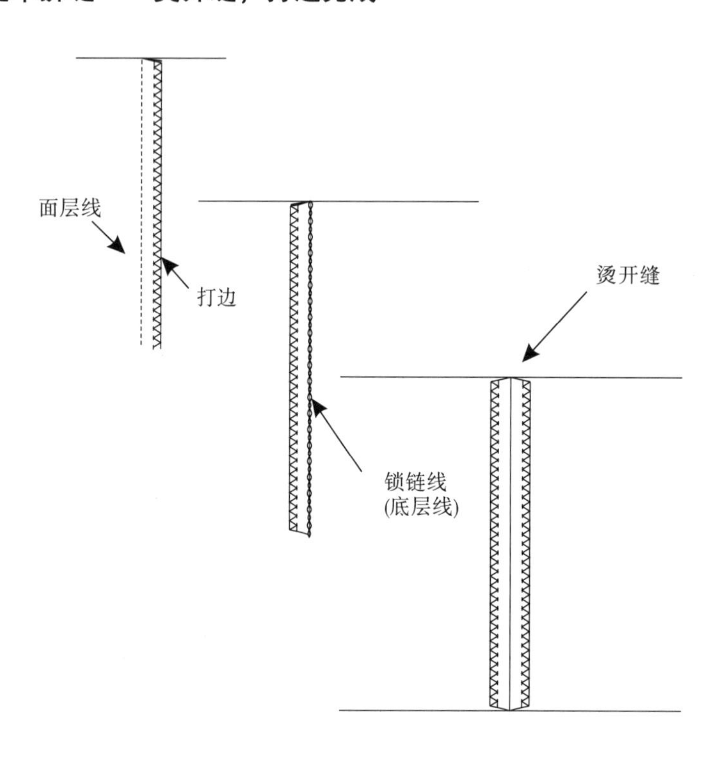

1. 1-1.3cm缝份；
2. 毛边打边；
3. 2线锁链拼合。

注：如果有车面线烫倒缝，请看设计要求。

缝份资料

平车拼缝——合缝打边

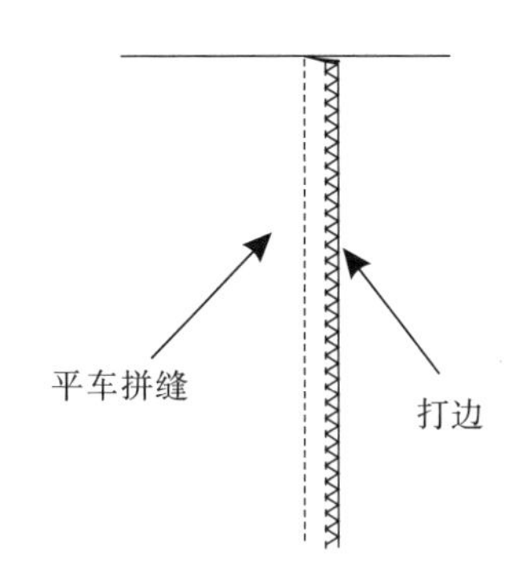

缝份细节：

1. 1-1.3cm缝份；
2. 平车拼缝；
3. 合缝打边；
4. 缝份烫向一边。

保险线＋五线打边

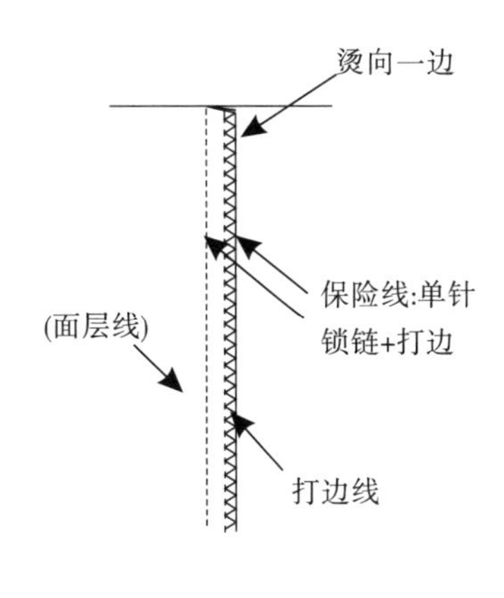

缝份细节：

1. 1-1.3cm缝份；
2. 缝份烫向一边。

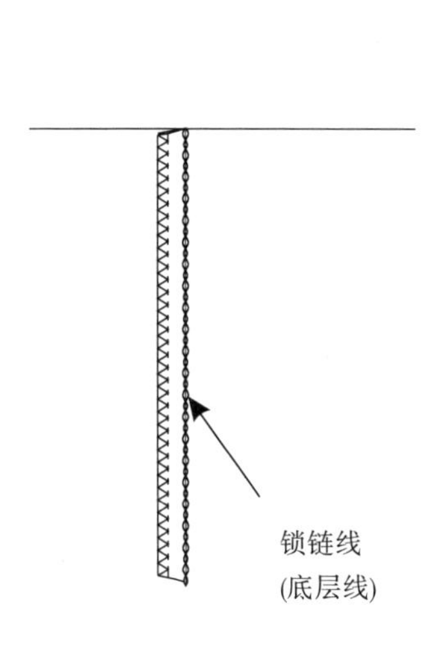

缝份资料

锁链线包缝

缝份细节:

1. 搭接止口;

2. 完成0.6-1cm止口;

3. 2线锁链。

成衣外　成衣内

锁链线

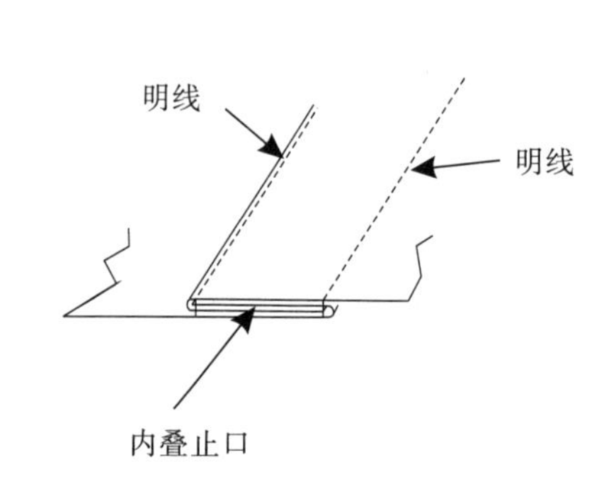

平车包缝

缝份细节:

1.搭接止口;

2.完成0.6-1cm止口;

3.止口平车。

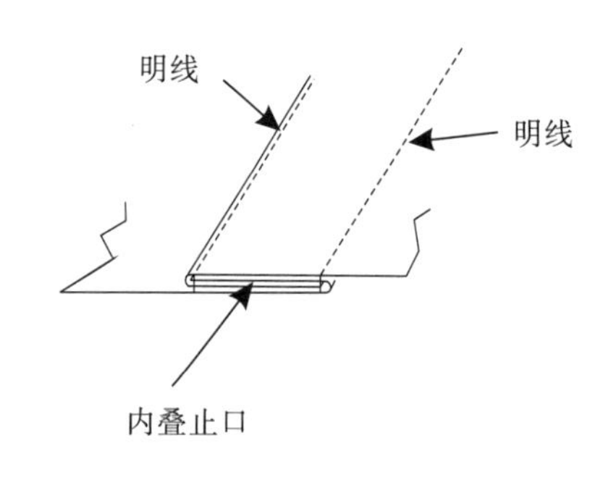

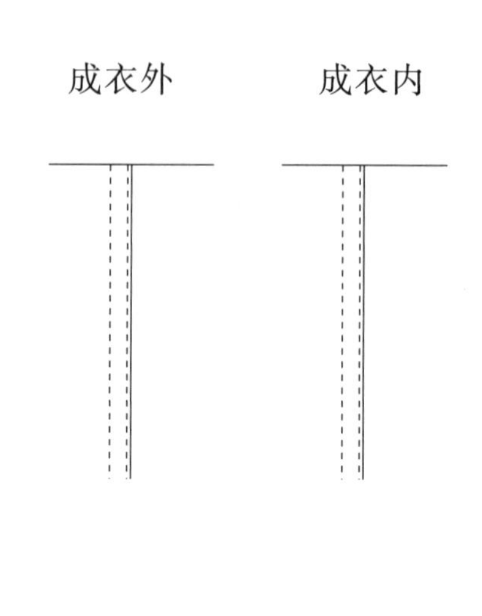

缝份资料

来去缝

来缝就是平缝，先拼好平缝，并修齐缝份，再反转辑线一道去缝，并包住来缝不能露出毛头，多用于面料较薄的服装。

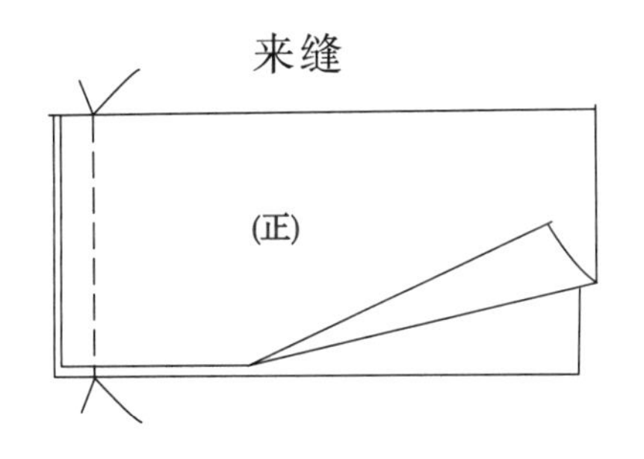

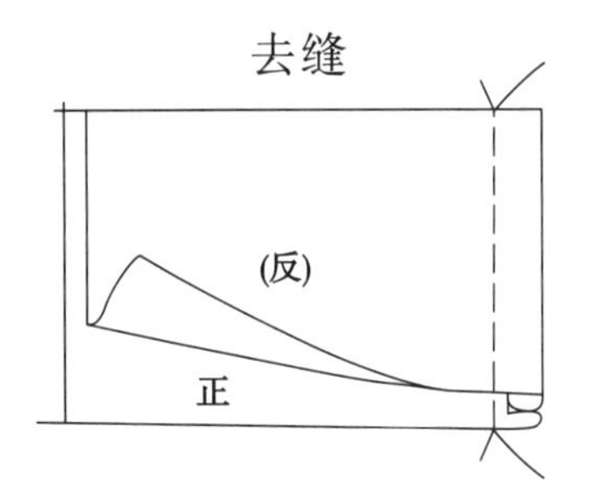

第9节　皮革车缝

平车拼缝，烫开缝和贴紧

缝份细节：

1. 平车拼缝；
2. 烫开缝，贴紧；
3. 1-1.3cm止口。

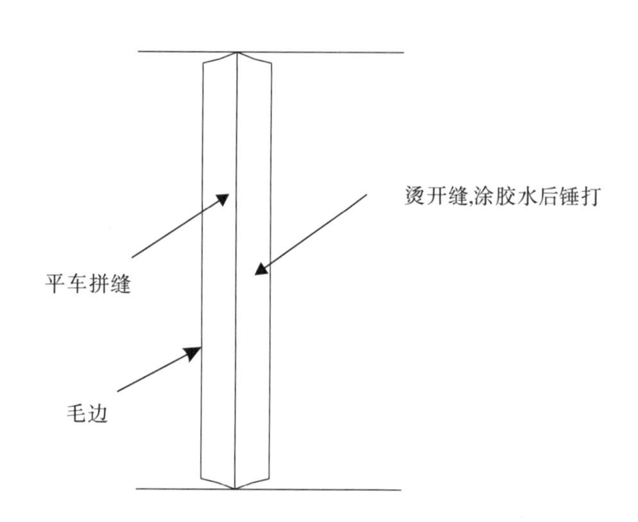

互搭缝

缝份细节：

1. 搭接止口；
2. 0.6-1cm止口；
3. 止口平车。

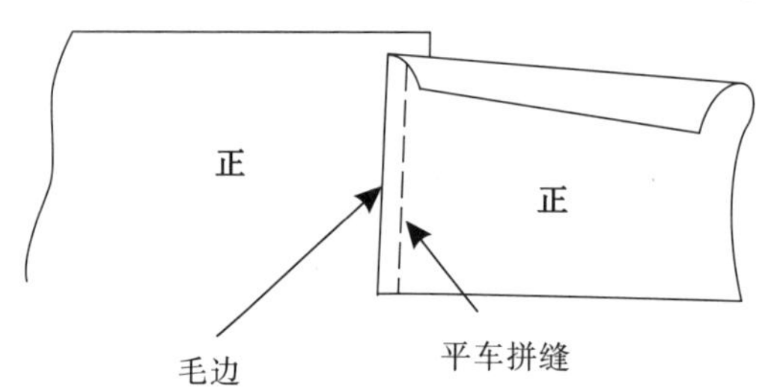

第10节　省与褶

省道

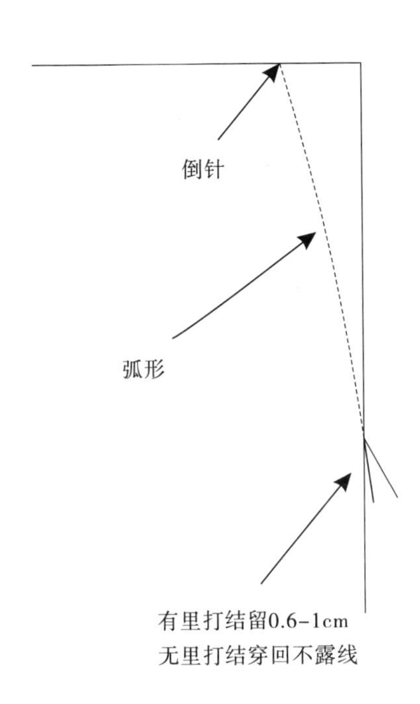

活褶

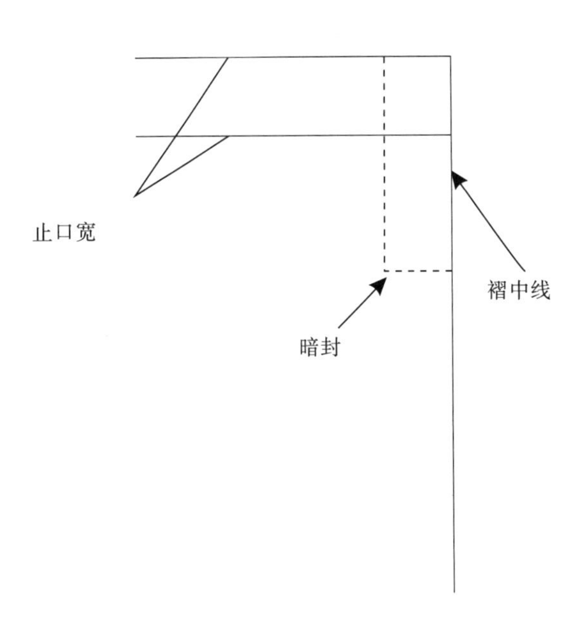

第11节　坐围弯弧处定位线

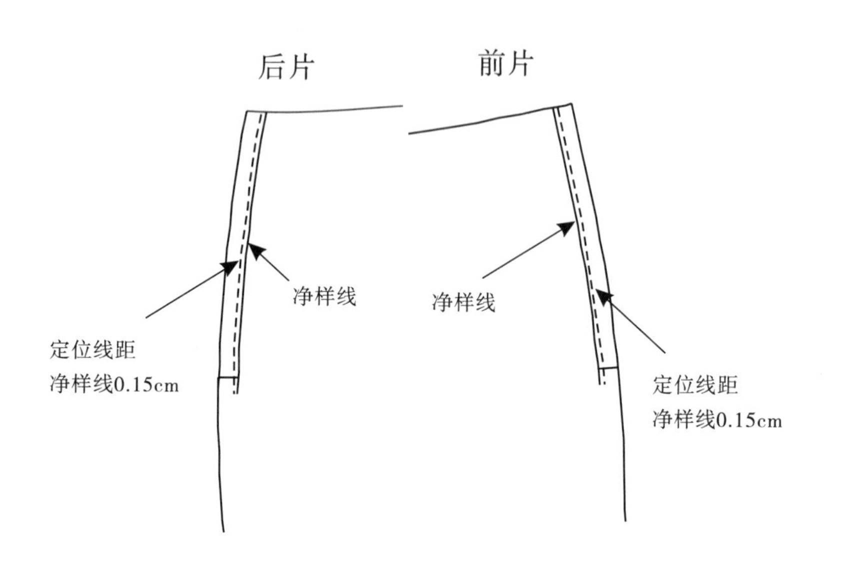

缝份细节：
1. 裤外侧缝；
2. 裙外侧缝；
3. 平车车线；
4. 车线在缝份止口
（距净样线0.15cm）。

注意：纸样的后内侧缝
(从浪底至膝围)短于前内侧缝。

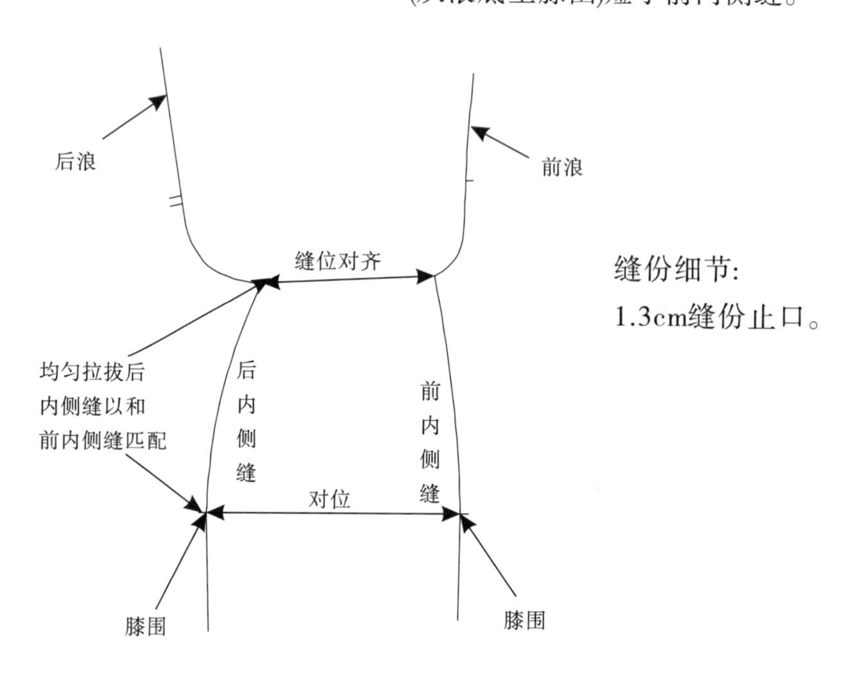

缝份细节:
1.3cm缝份止口。

第12节　脚口完成标准

说明：

比较硬挺、厚实的面料下脚落丝带或捆条，薄料以及有弹性的面料下脚打边。

下脚丝带或捆条（无弹力的面布）——下脚落丝带或捆条，折回，挑脚

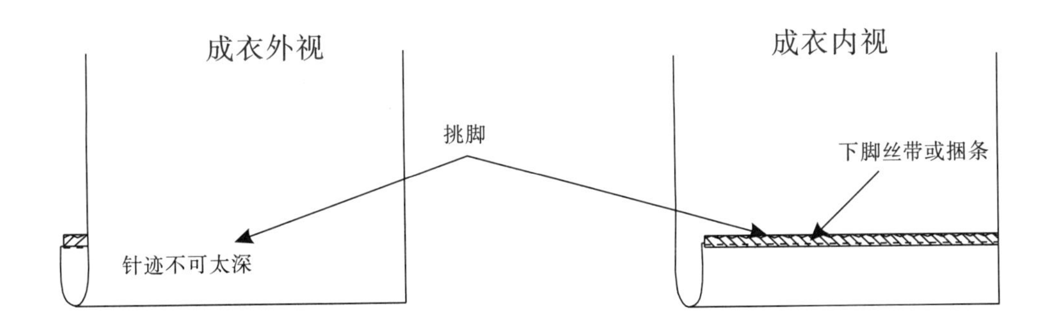

下脚无丝带或捆条（弹力面布）——下脚打边，折回，挑脚

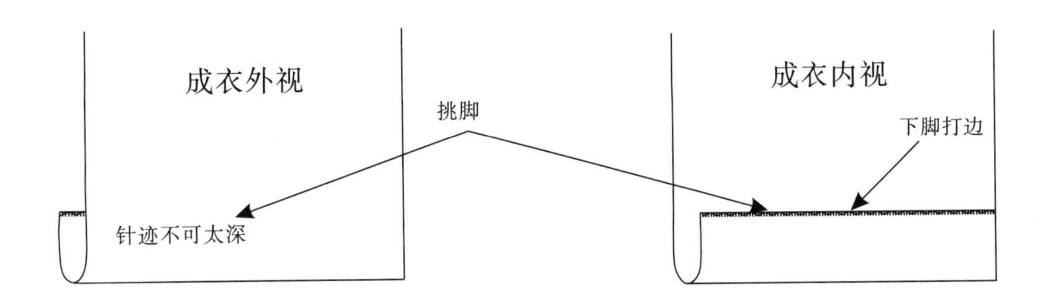

脚口完成标准

脚口翻边2个缝位处定针(用于窄脚裤)
脚口翻边有2个缝位处定针——下脚或捆边和挑脚(内和外侧)

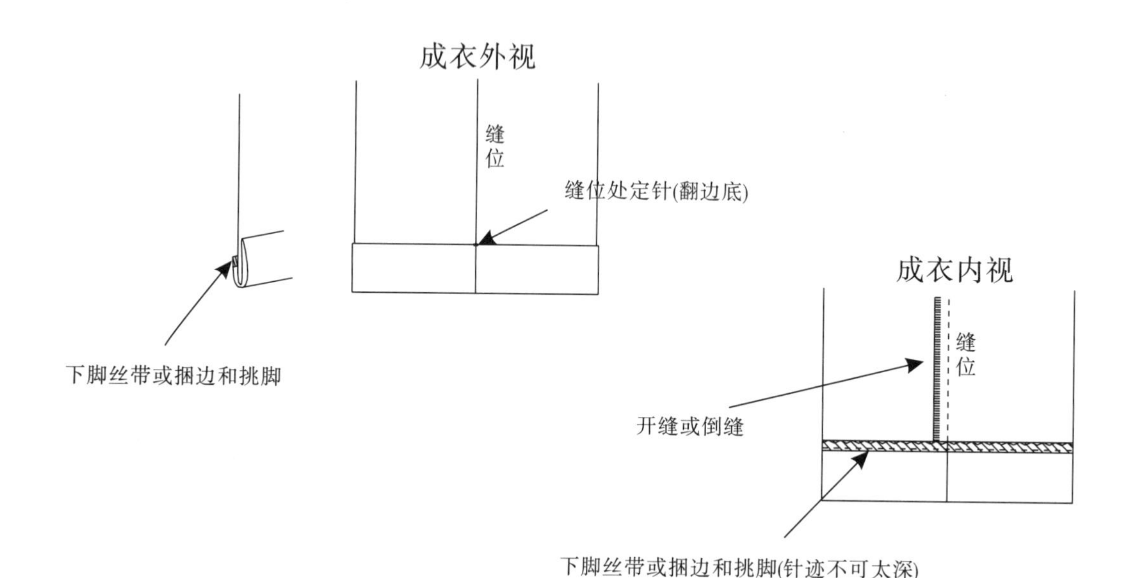

脚口翻边2个缝位处定针(用于窄脚裤)
脚口翻边有2个缝位处定针——下脚或捆边和挑脚(内和外侧)

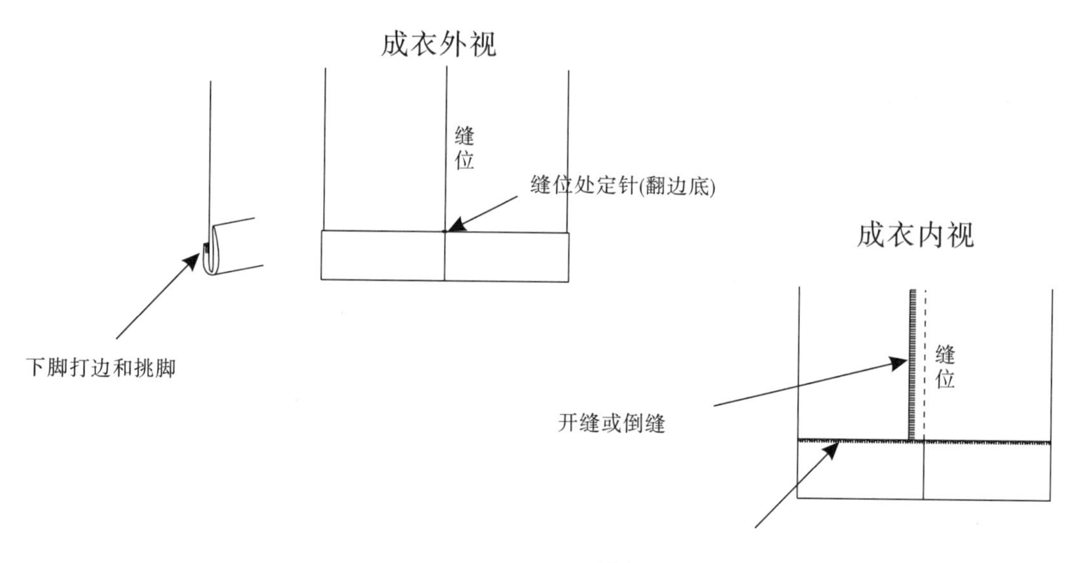

脚口完成标准

脚口翻边4个缝位处定针(用于宽脚裤)

脚口翻边有4个缝位处定针——下脚或捆边和挑脚(内/外侧和裤脚中间位)

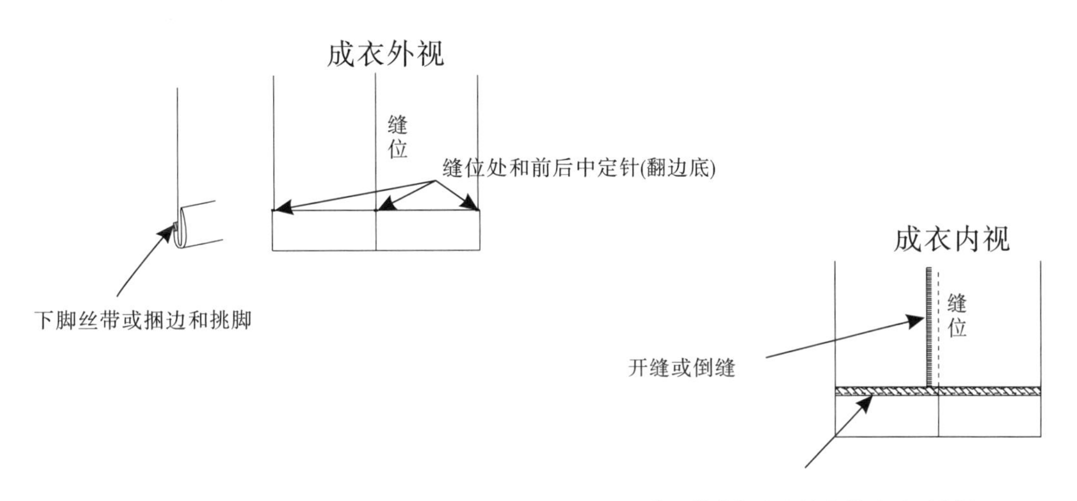

脚口翻边4个缝位处定针(用于宽脚裤)

脚口翻边有4个缝位处定针——下脚或捆边和挑脚(内、外侧和裤脚中间位)

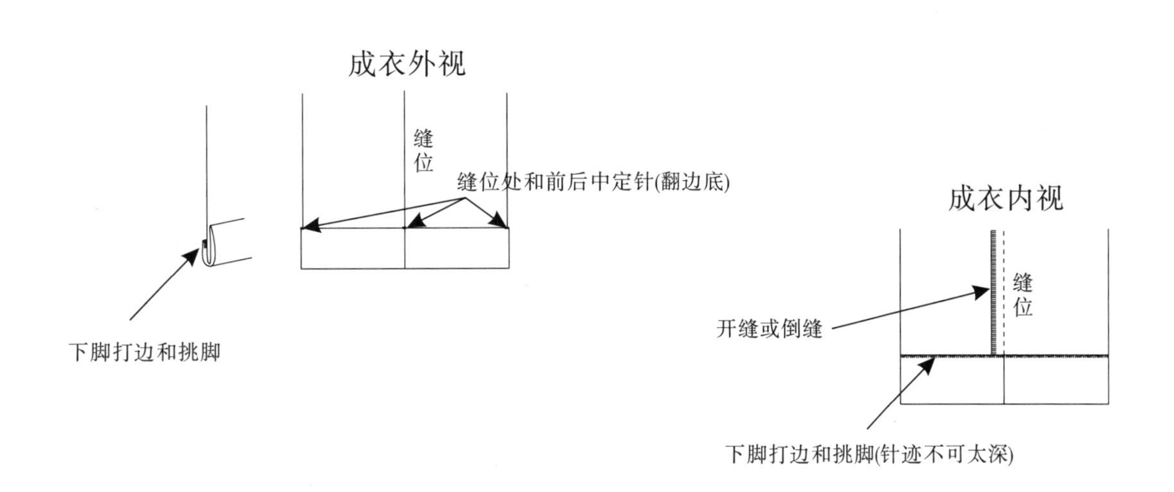

第13节　里布要求标准

纸样要求：

1. 里布纸样比面布大(风琴)；
2. 里布脚高：1.3cm环口卷。

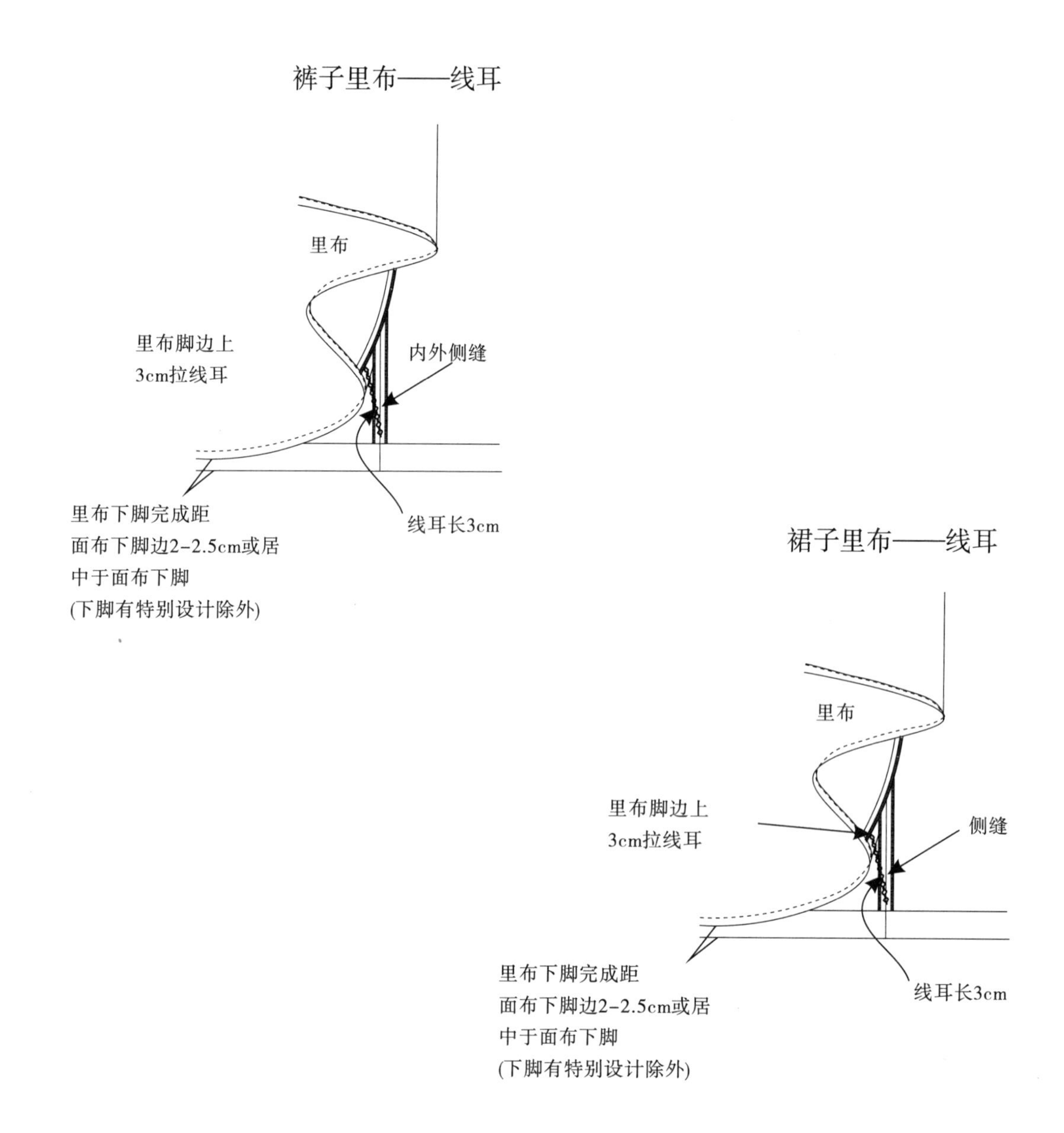

第14节 腰头订钮标准

订钮外视

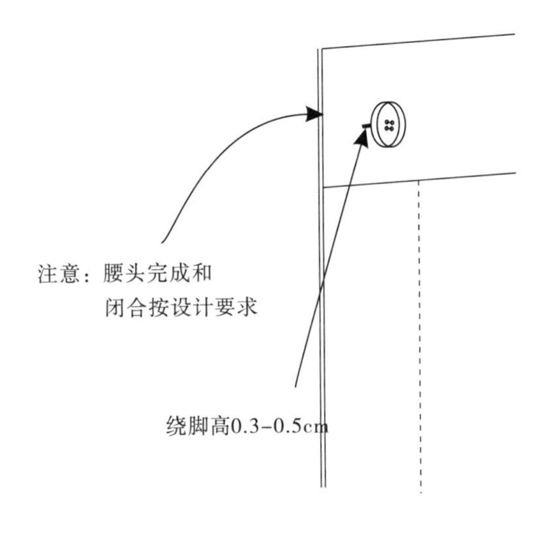

钮外观:

1. 机器订钮或手工钉钮；
2. 绕钮脚(特殊钮除外)；
3. 有Logo钮需要统一方向。

钉钮：

1. 2孔钮：和钮门平齐；
2. 4孔钮：和钮门平齐或钉“X”线（除非有特别要求）；
3. 机器订钮：2孔的钮扣要调16针，4孔的钮扣要调32针，连续订两次；
4. 手工订钮：四股线订4次（即完成后每个孔里有16股线)；
5. 绕钮脚: 绕脚高度0.3—0.5cm，绕线至少5圈。

订钮内视

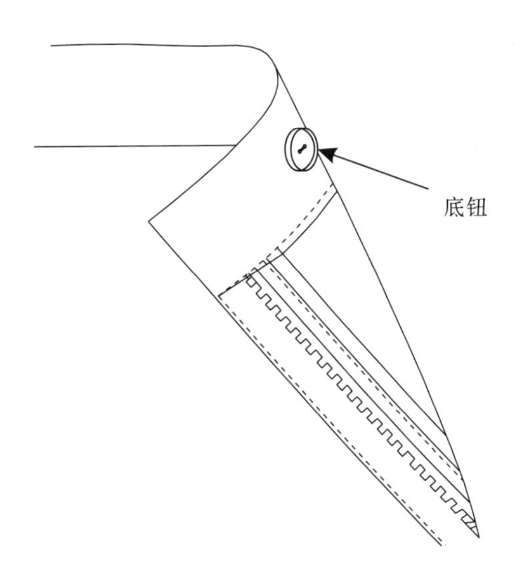

注意：腰头完成和闭合按设计要求。

1. 2孔钮；
2. 配色；
3. 2孔和钮门平齐；
4. 钉钮线不过面，但必须与面布套牢一针。

第15节　认识拉链

普通拉链种类

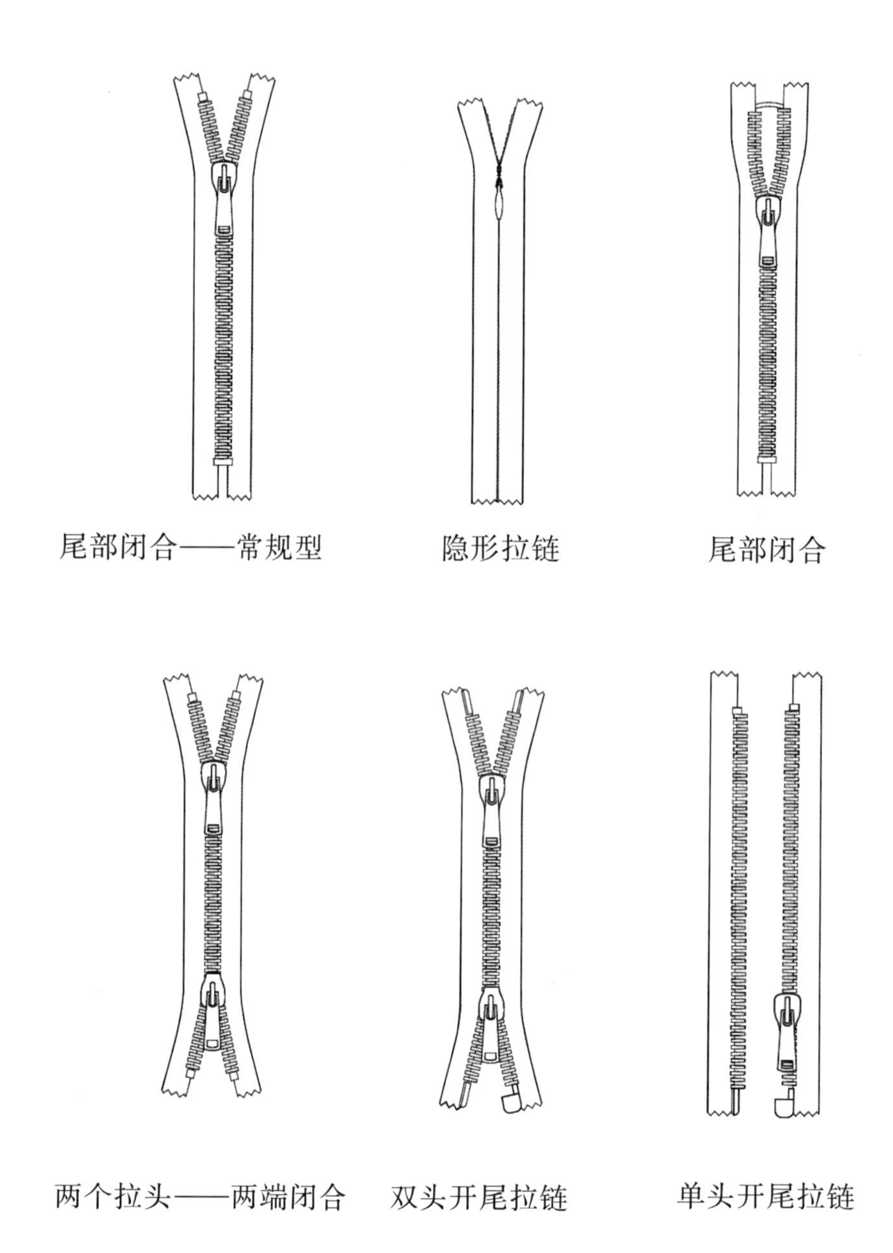

认识拉链

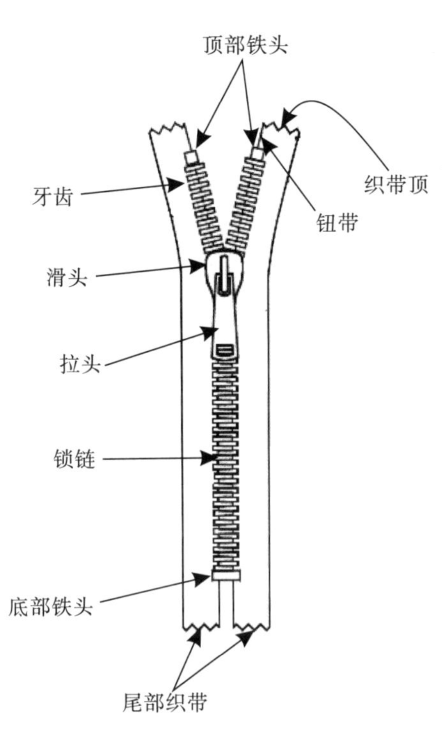

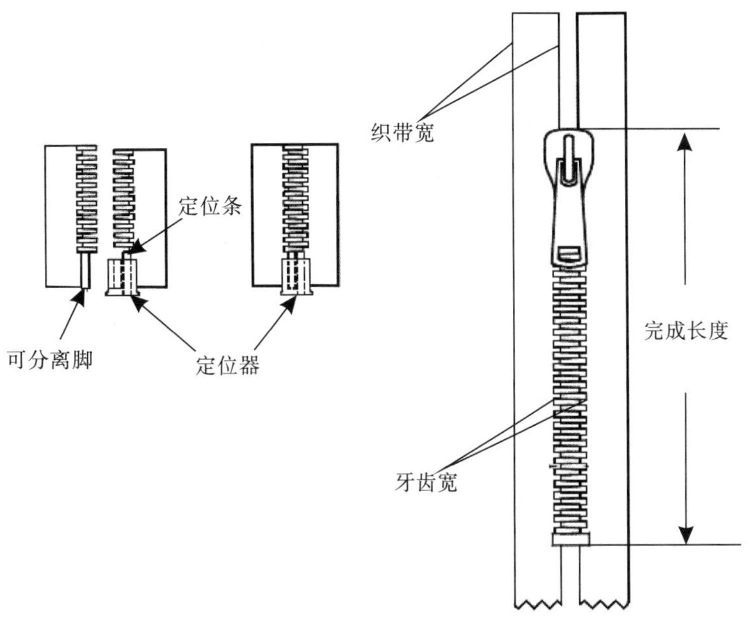

第16节　拉链做工标准——特别款式做工

拉链关闭位

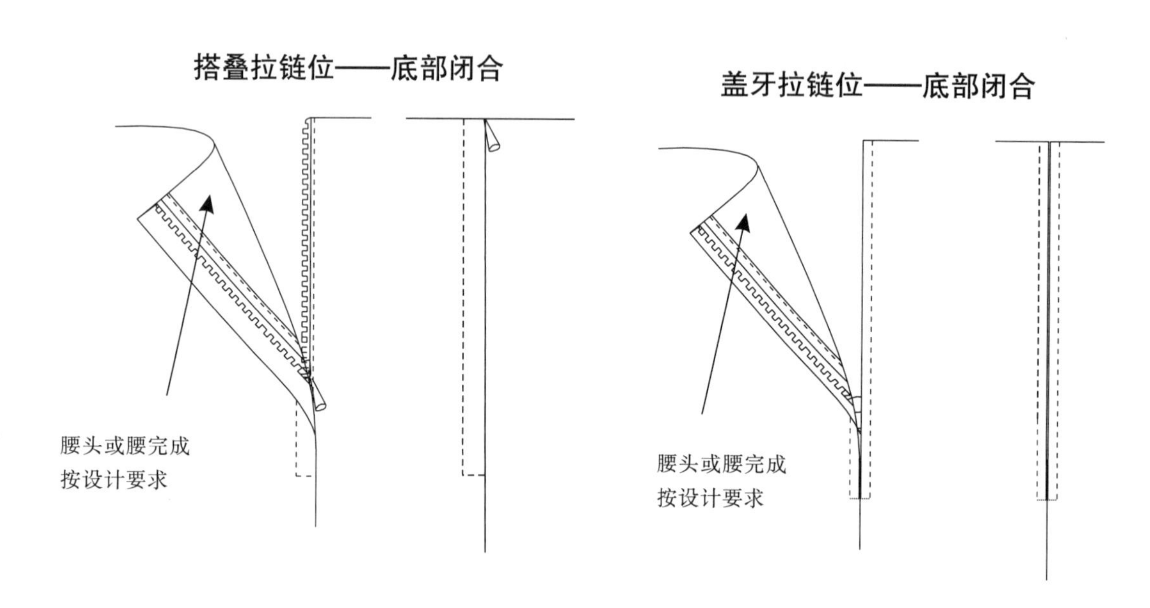

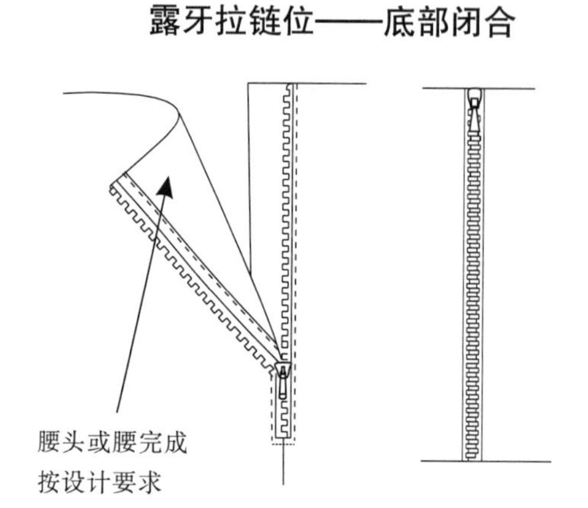

第17节 隐形拉链

隐形拉链位——底部闭合 **隐形拉链朴——裙/裤**

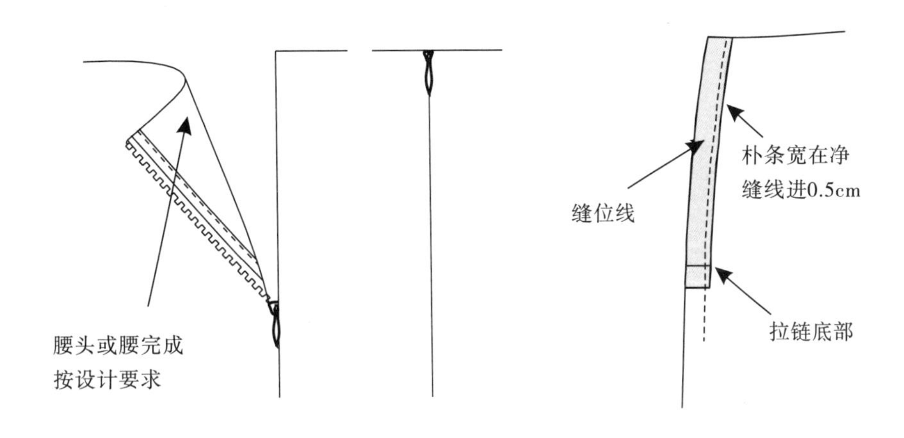

隐形拉链——有腰头，拉链至顶边

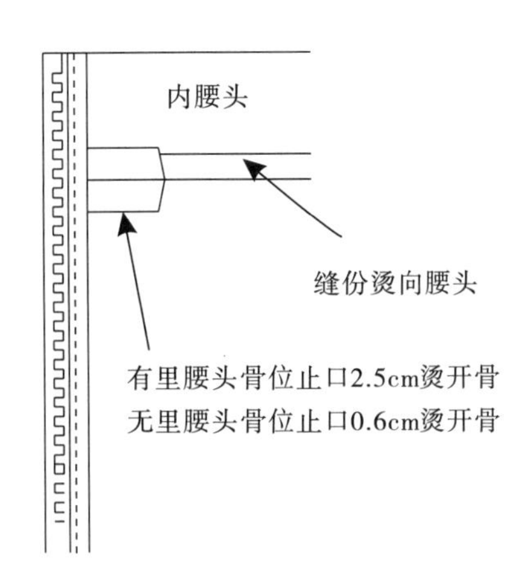

第18节　拉链闭合

拉链闭合：1片直拉链凸嘴,底部干净完成（有腰头和凸嘴位）

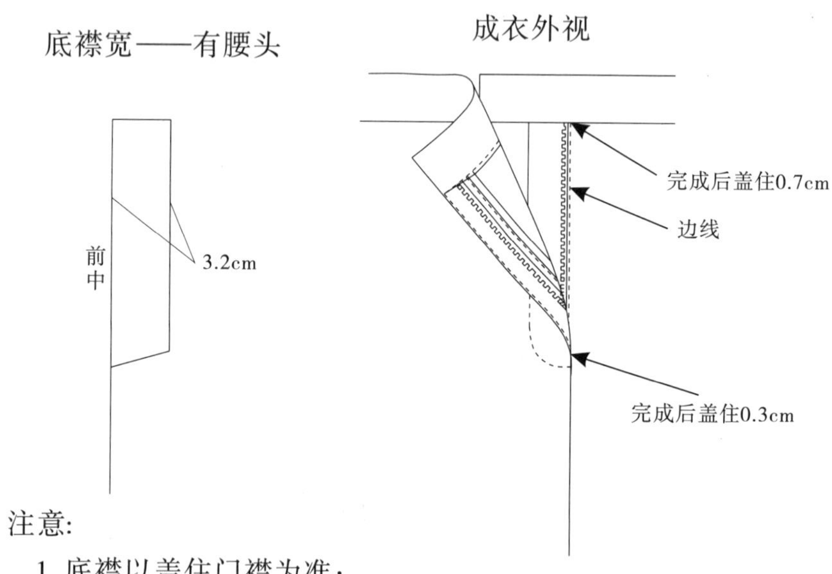

注意:

1. 底襟以盖住门襟为准;
2. 底襟比门襟长度长1cm。

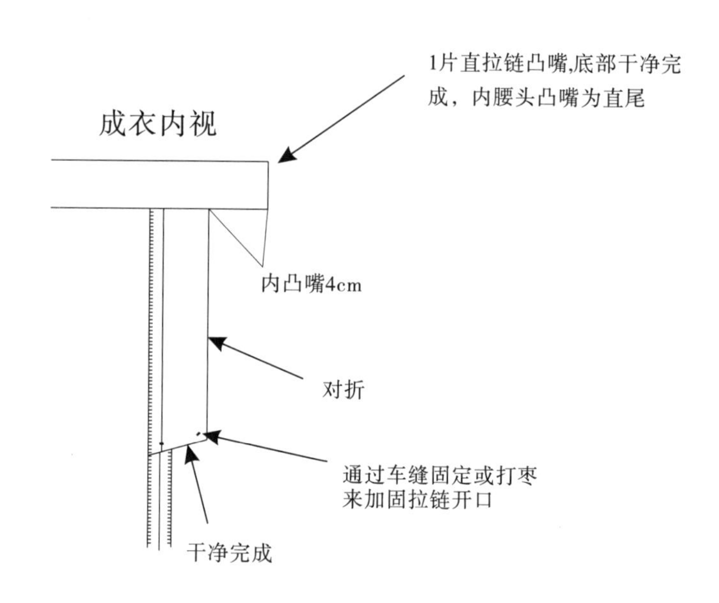

拉链闭合

拉链闭合：1片直拉链凸嘴，底部干净完成，内腰头凸嘴为尖尾

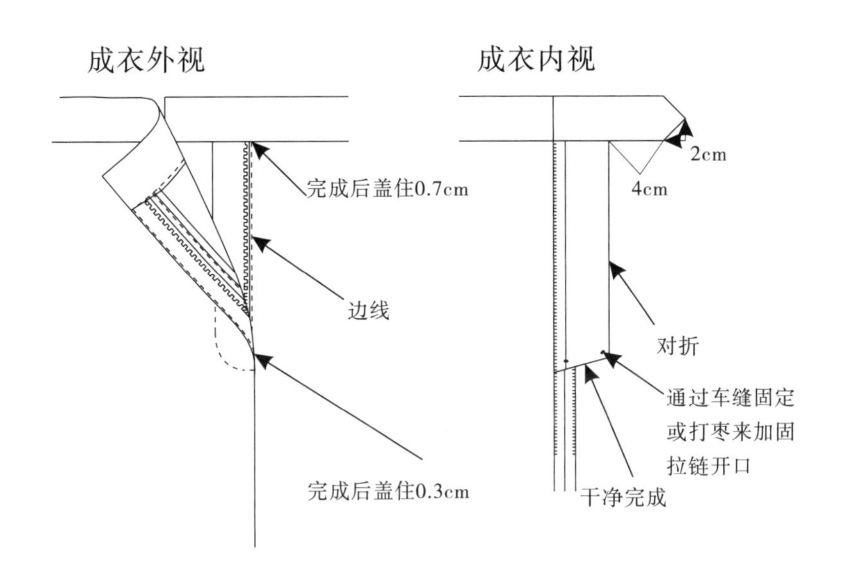

拉链闭合：1片直拉链凸嘴，底部干净完成，无内腰头凸嘴

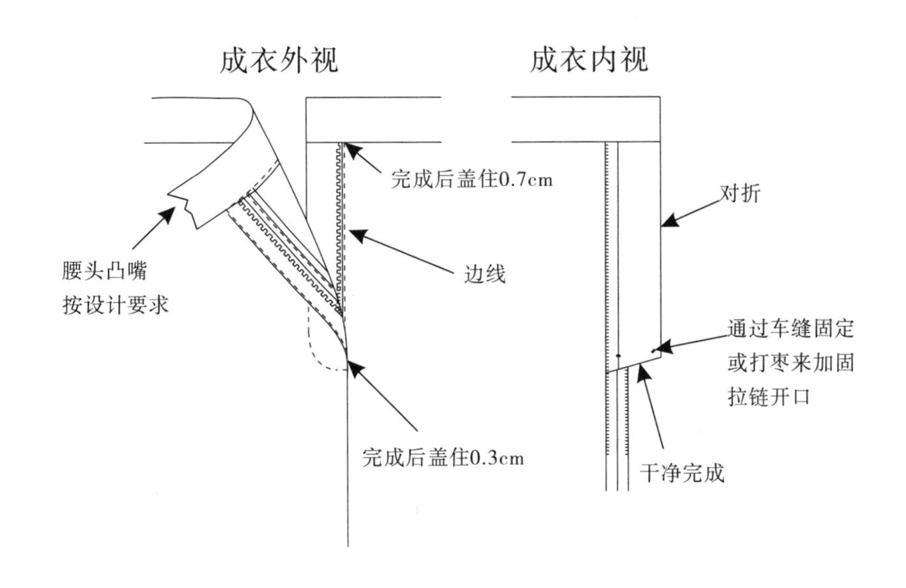

拉链闭合

拉链闭合：修型拉链凸嘴，有腰头

成衣内视

6.5cm

内顶边–距外顶边下0.3cm

假想拉链前中线

6.5cm

前中

止口线或边线

3.2cm

有贴的修型拉链凸嘴，有腰头

成衣外视

边线

拉链齿距边1cm

成衣内视

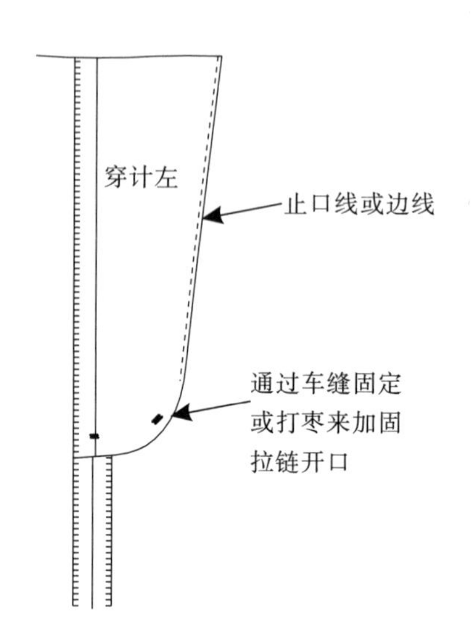

第19节　女式和男式拉链闭合

女式拉链牌闭合——有腰头

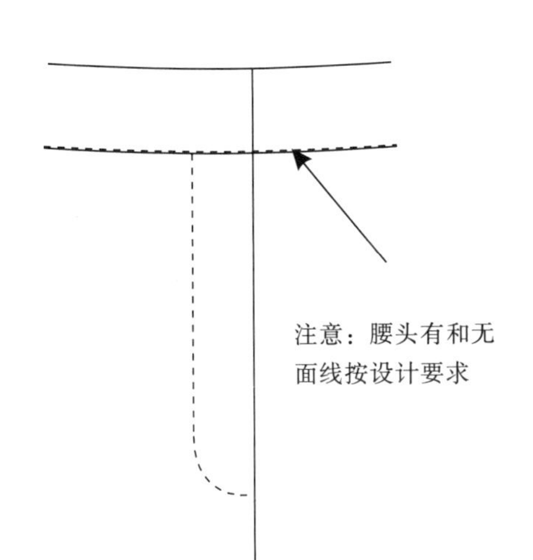

女式拉链牌闭合——有贴

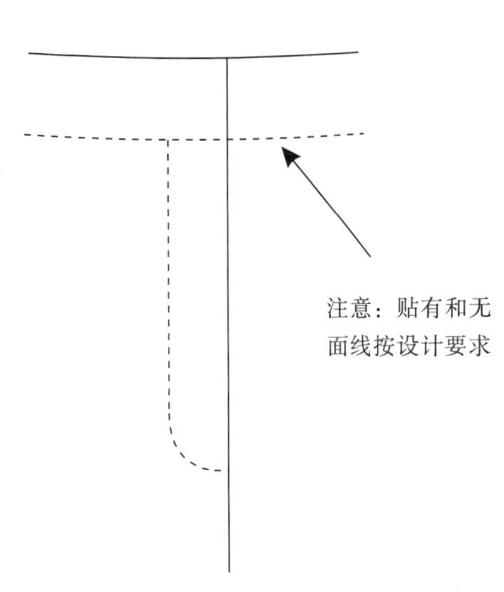

男式拉链牌闭合——有腰头

注意：所有做工跟女装相反

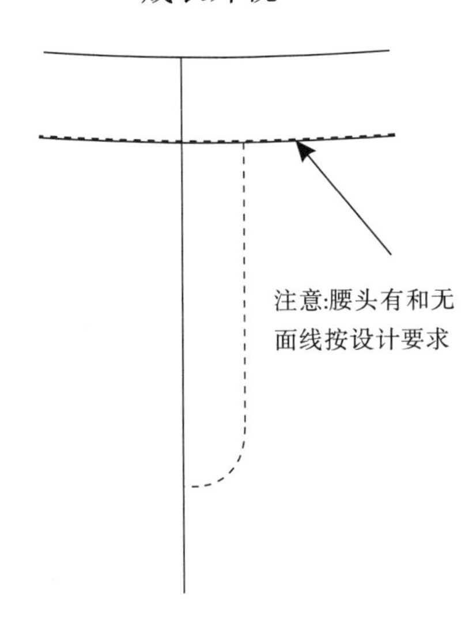

男式拉链牌闭合——有贴

注意：所有做工跟女装相反

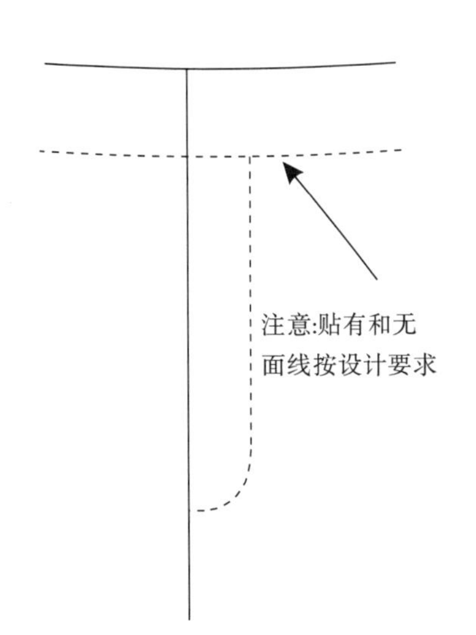

第20节　腰头——落坑线闭合

腰头——落坑线闭合完成

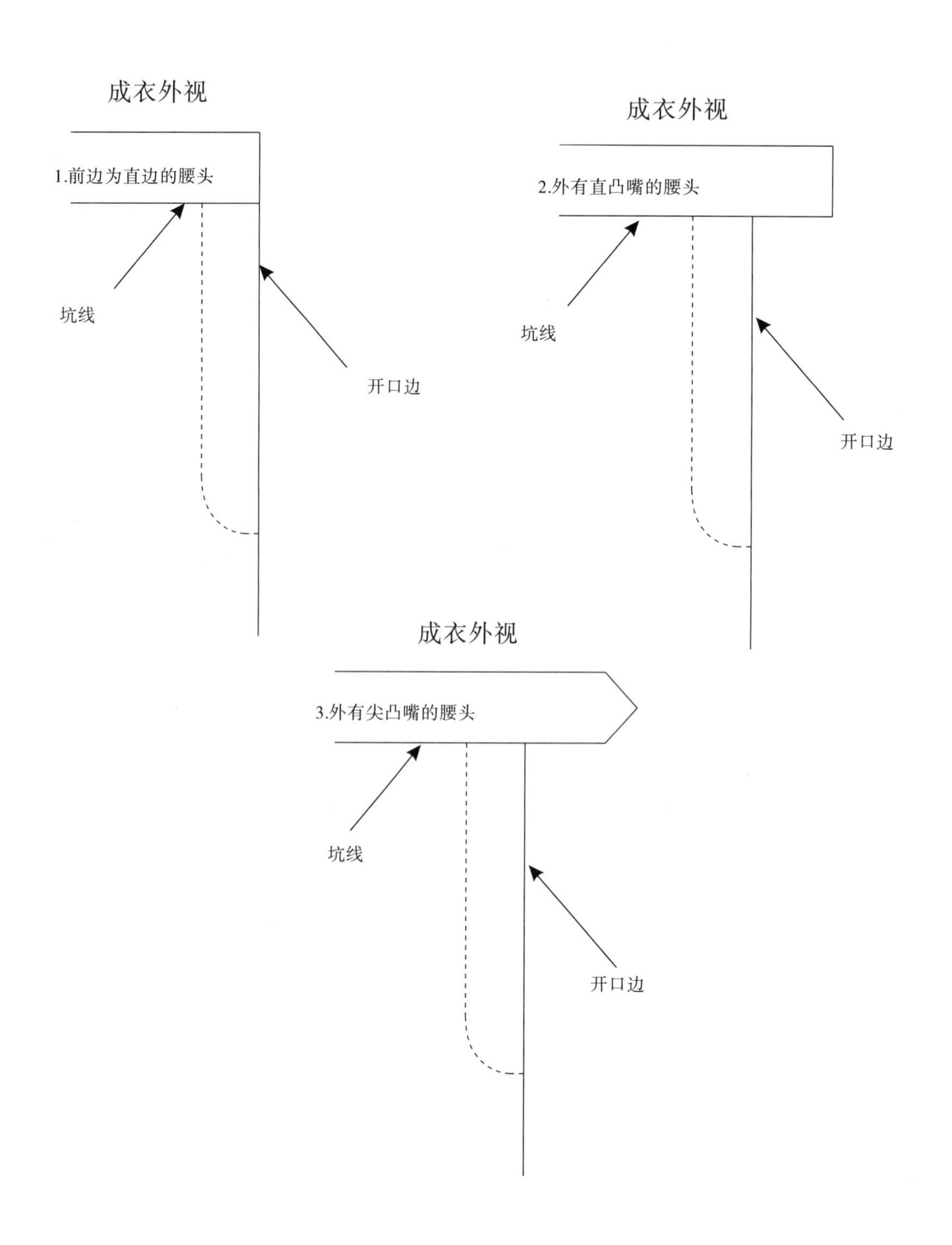

腰头——落坑线闭合(内边干净完成)

弯腰头——内边干净完成，落坑线闭合(有或无里)

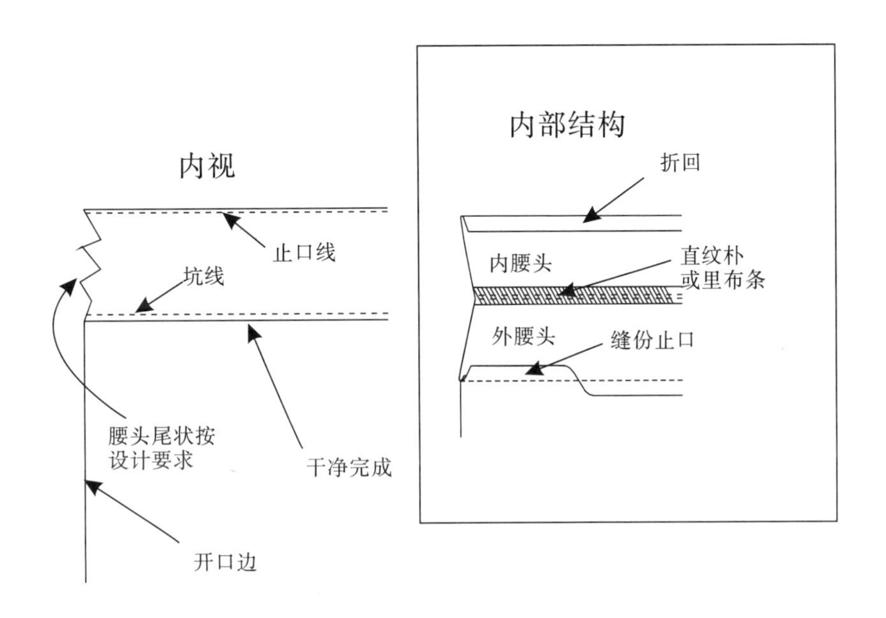

直腰头——内边干净完成,落坑线闭合(有或无里)

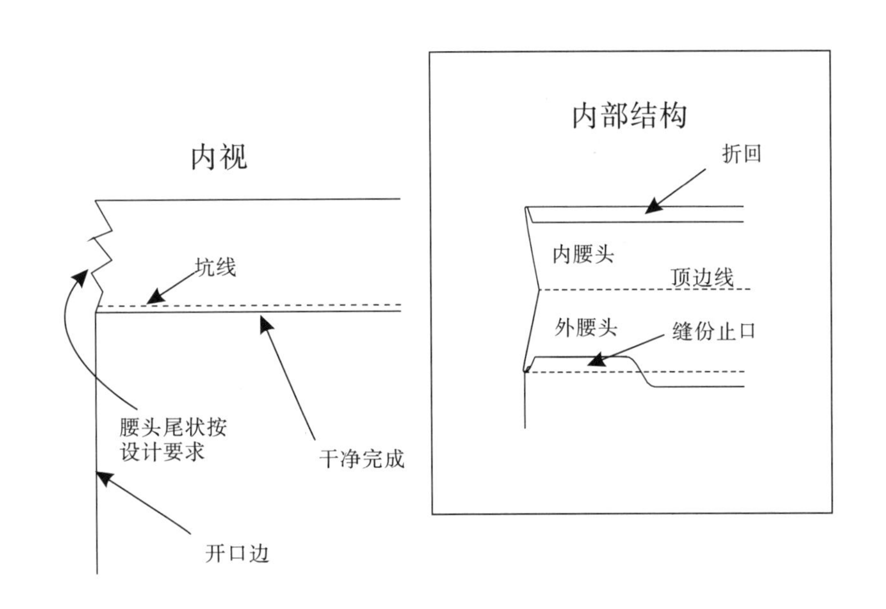

腰头——落坑线闭合(内边捆条完成)

弯腰头——内边落捆条完成，落坑线闭合(有或无里)

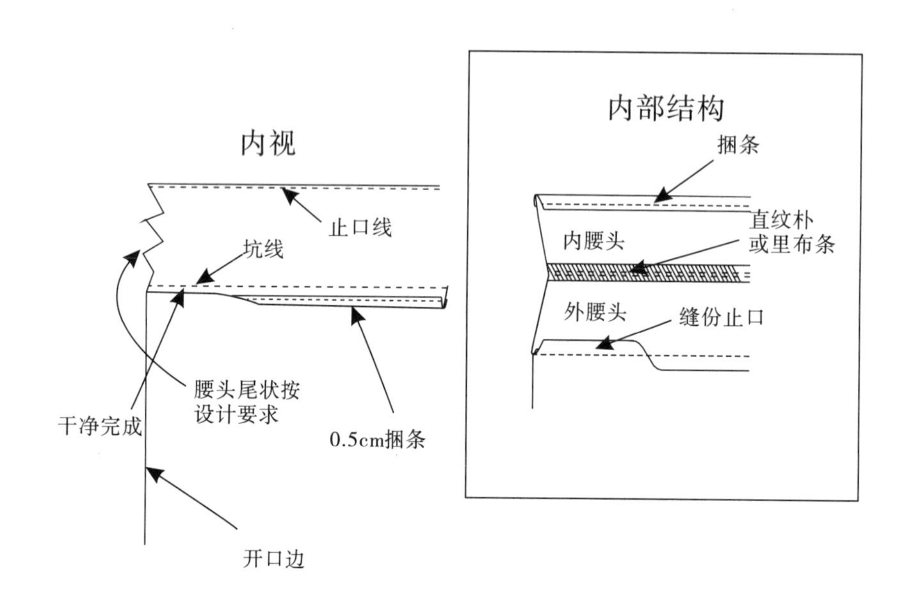

直腰头——内边落捆条完成，落坑线闭合(有或无里)

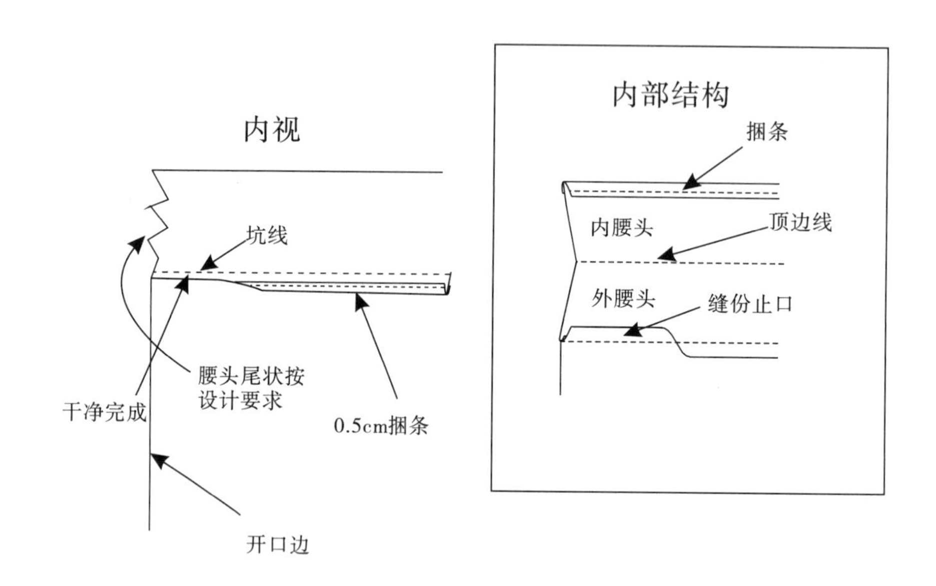

腰头——落坑线闭合(腰头连接里布)

弯腰头连接里布，落坑线闭合

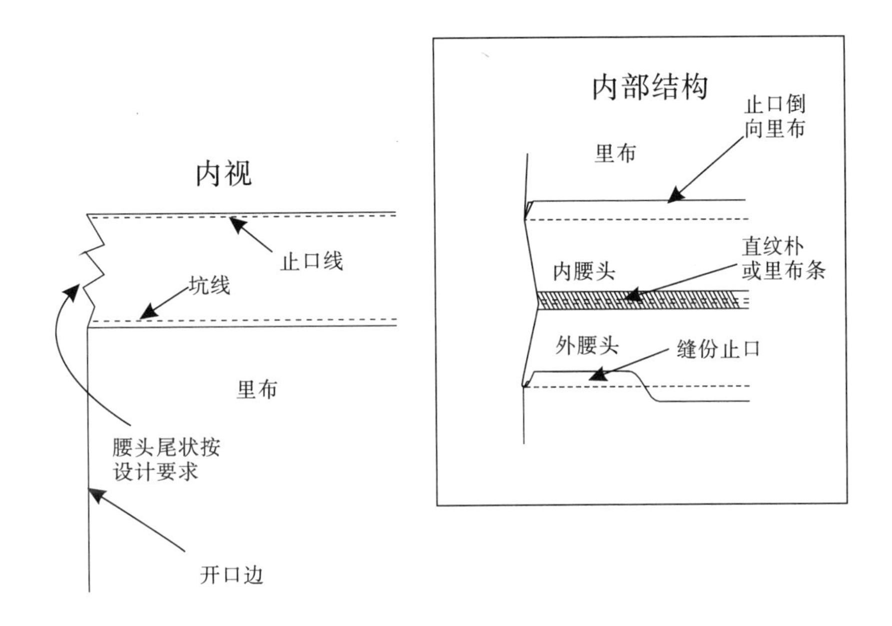

直腰头连接里布，落坑线闭合

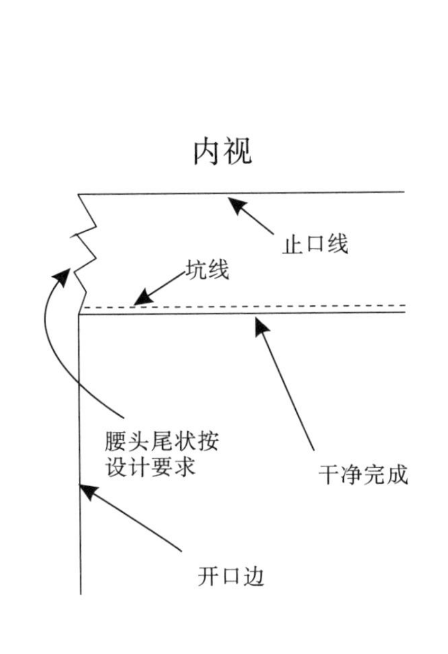

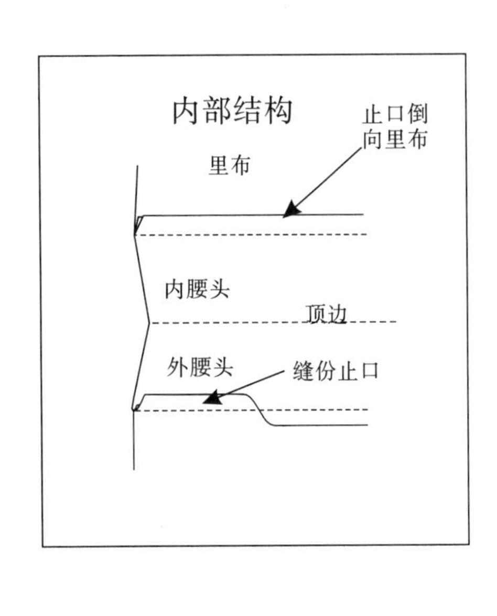

第21节　腰贴落捆条完成、落里布完成

腰贴落捆条完成(有或无里)

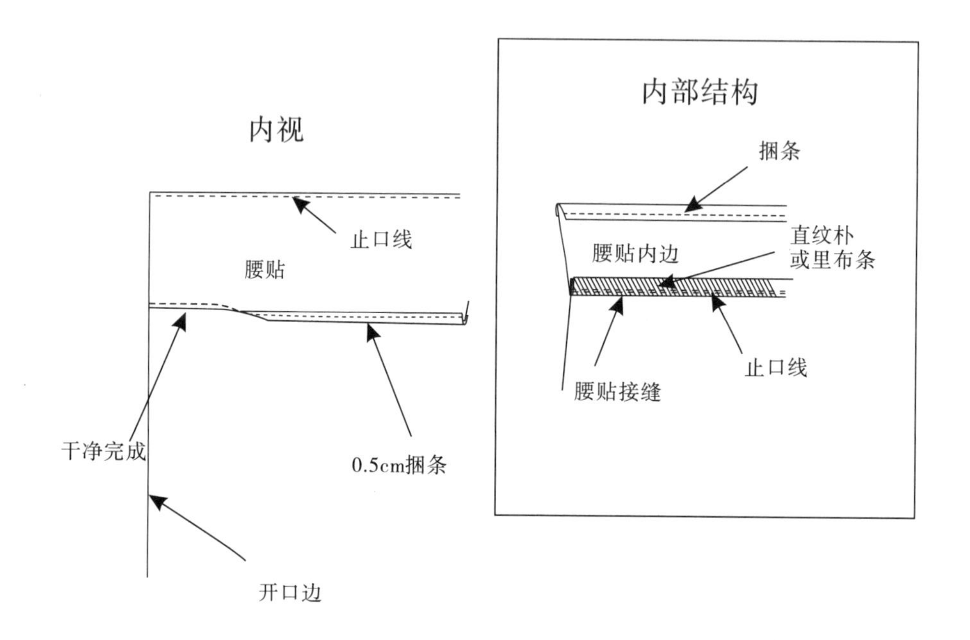

腰贴落里布完成

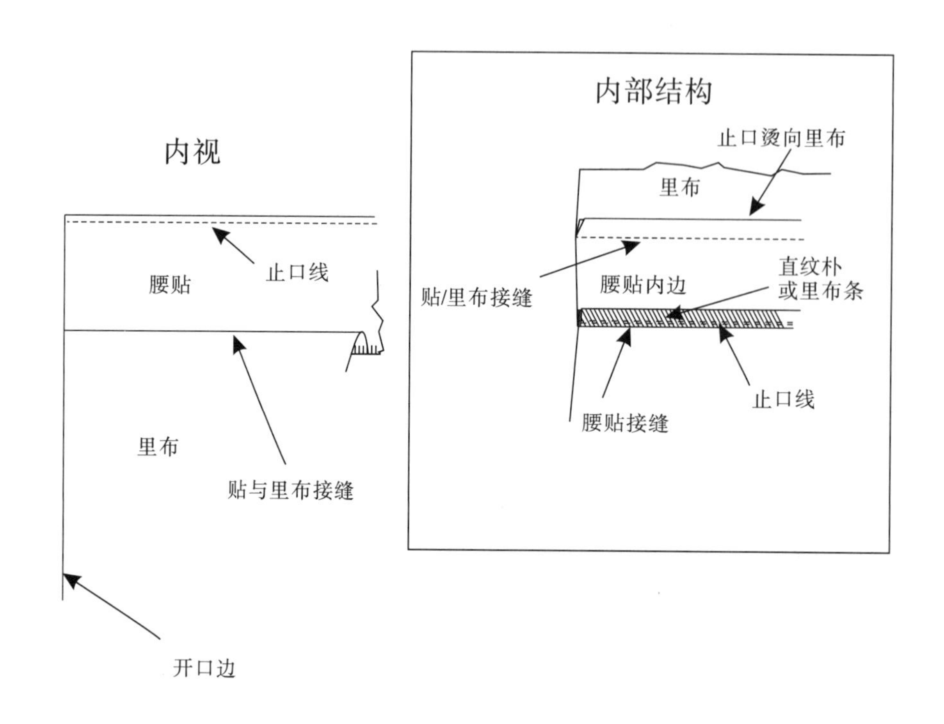

腰头边落捆条完成、边线(有或无里布)

外视

捆条
边线
折叠
开口边

内视

捆条
边线
折叠
开口边

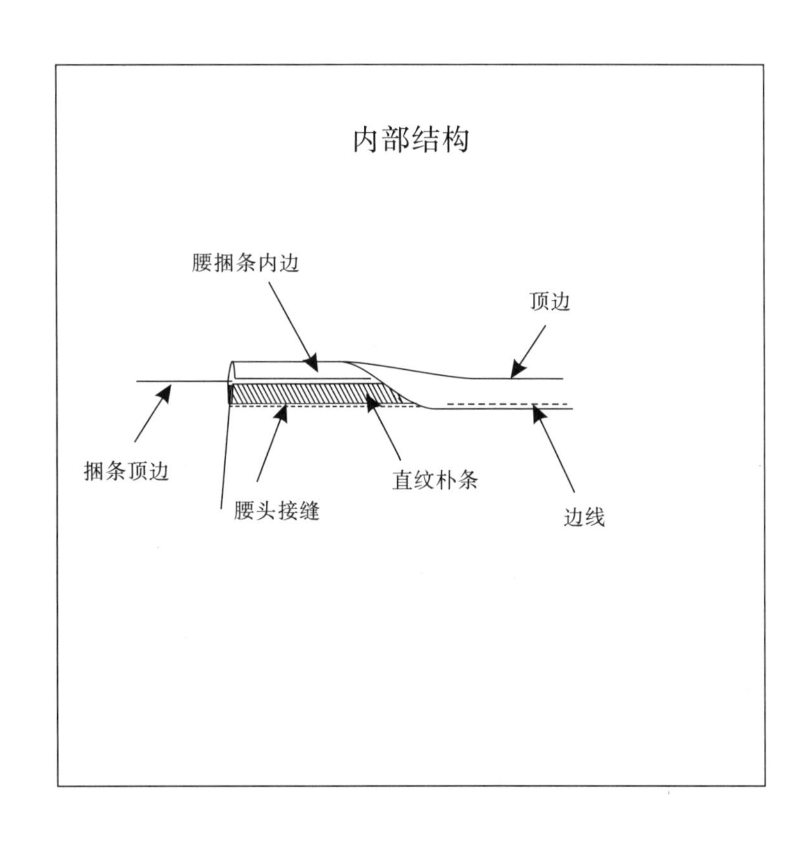

腰头边落捆条完成、落坑线(有或无里布)

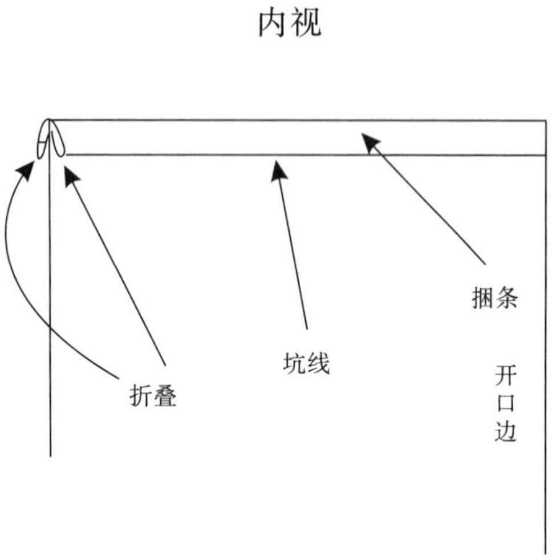

内视

捆条

坑线

折叠

开口边

外视

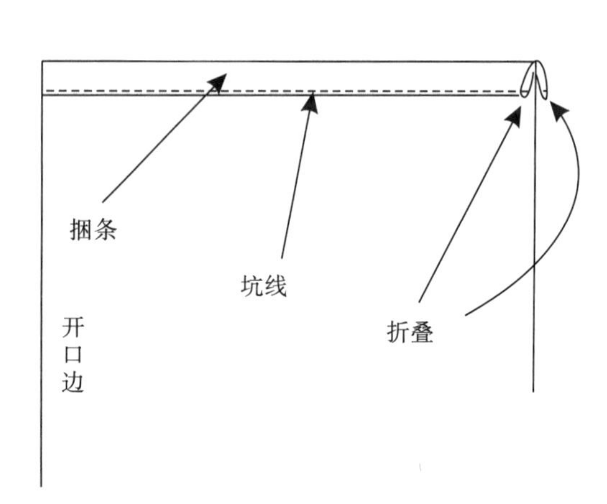

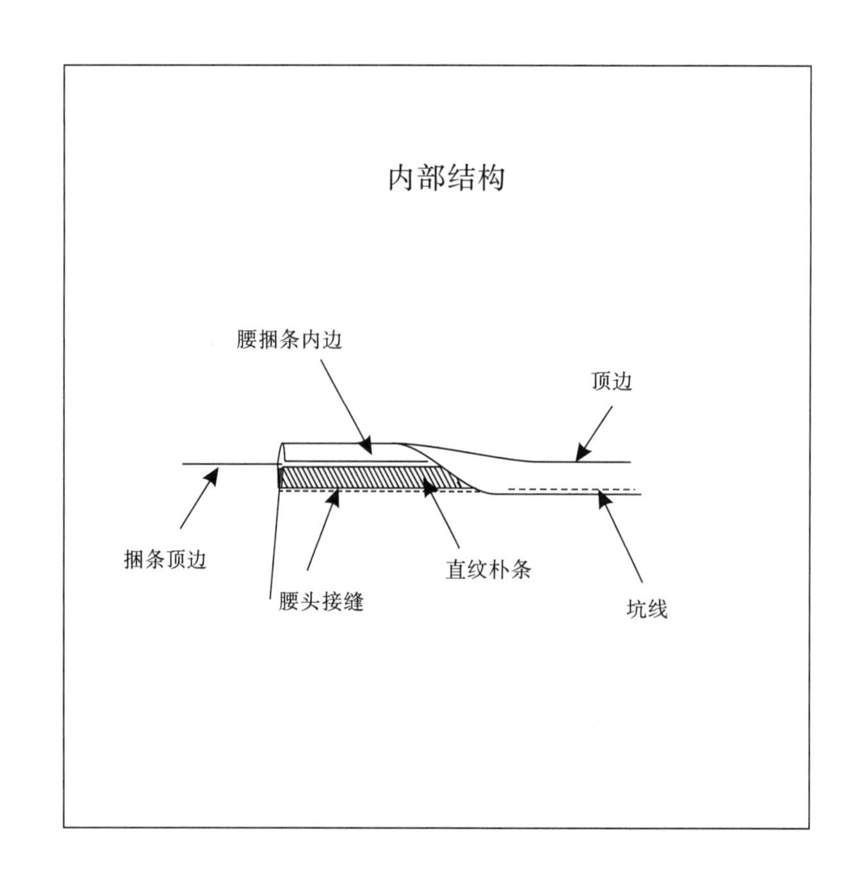

第22节　耳仔

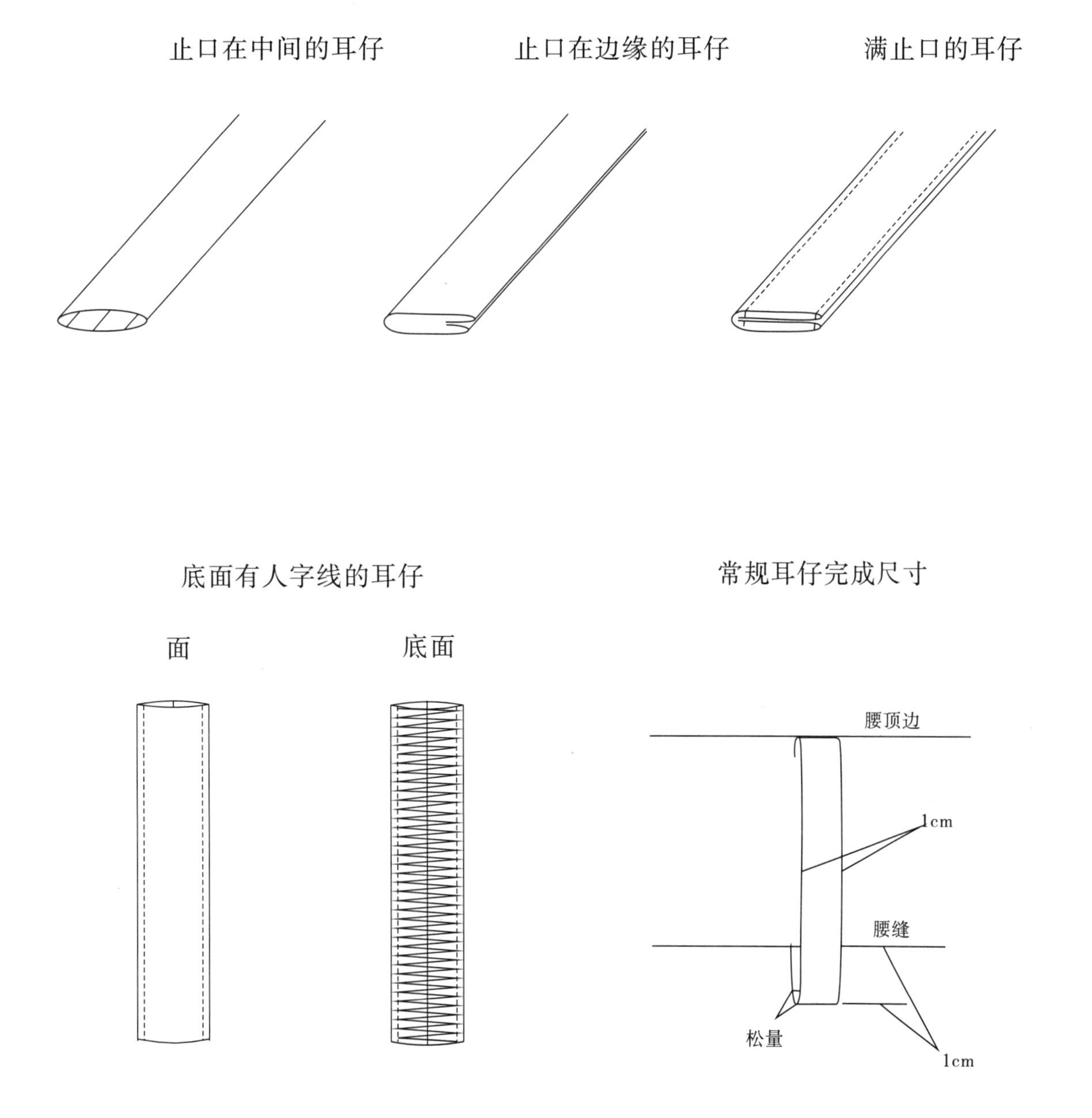

止口在中间的耳仔
止口在边缘的耳仔
满止口的耳仔
底面有人字线的耳仔
面
底面
常规耳仔完成尺寸
腰顶边
1cm
腰缝
松量
1cm

耳仔

钉耳仔步骤

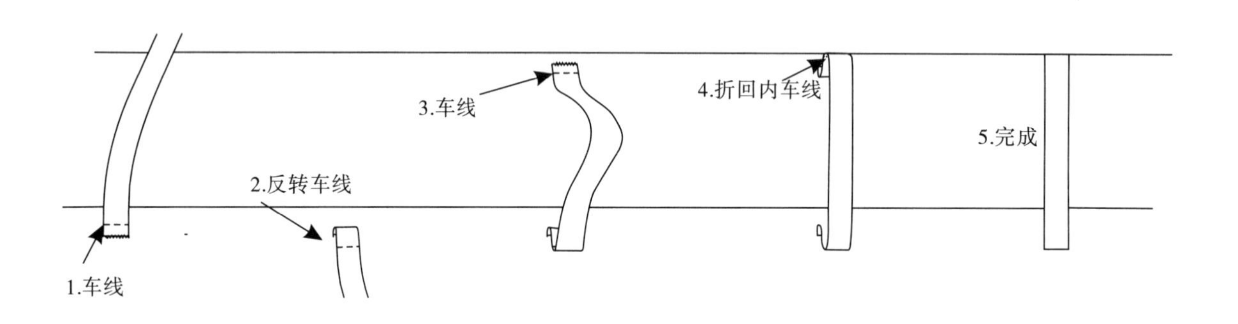

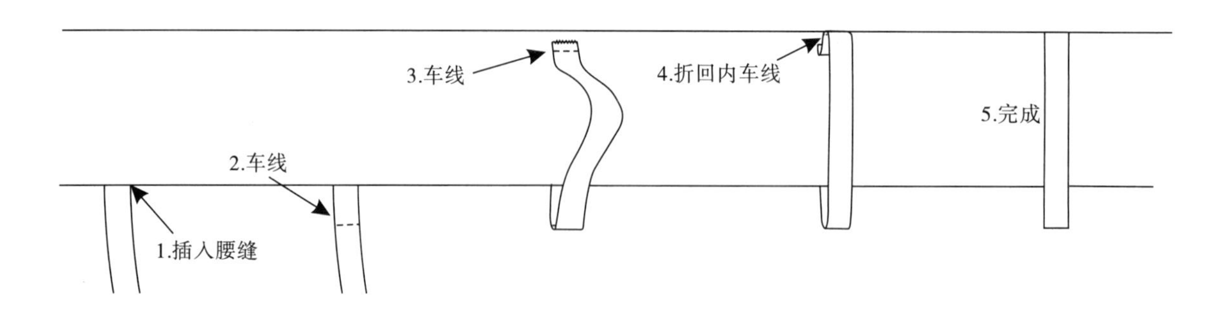

第23节　单唇袋位

说明:

唇袋完成一般为长13-15cm，宽1cm。

1个后省

后单唇袋——无边线

成衣外视

有无打枣按设计要求

后单唇袋——有边线

成衣外视

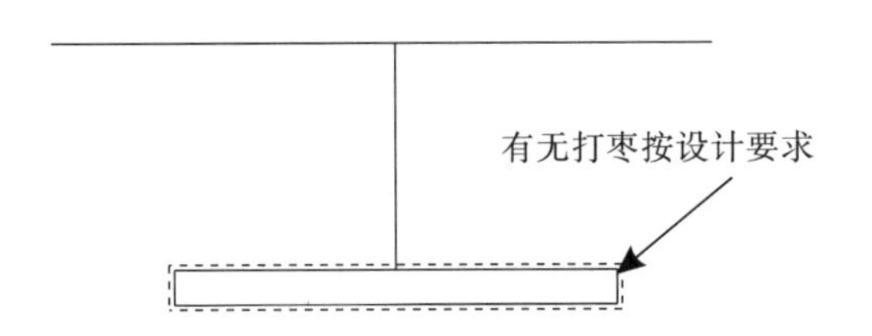

2个后省

后单唇袋——无边线

成衣外视

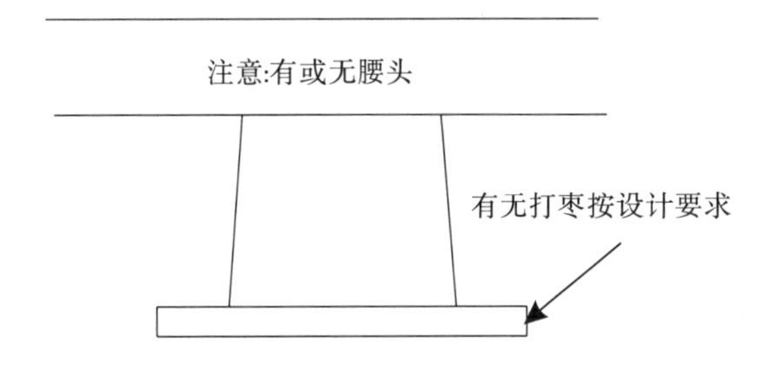

后单唇袋——有边线

成衣外视

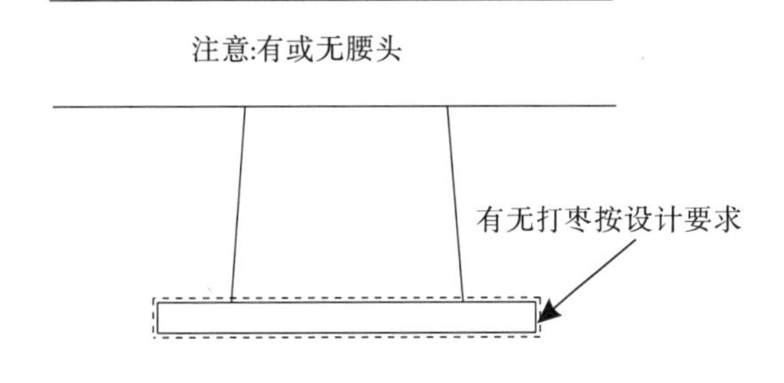

第24节　单唇、双唇袋位

说明：

唇袋完成一般为长13-15cm，宽1-1.3cm。

1个后省　　　　2个后省

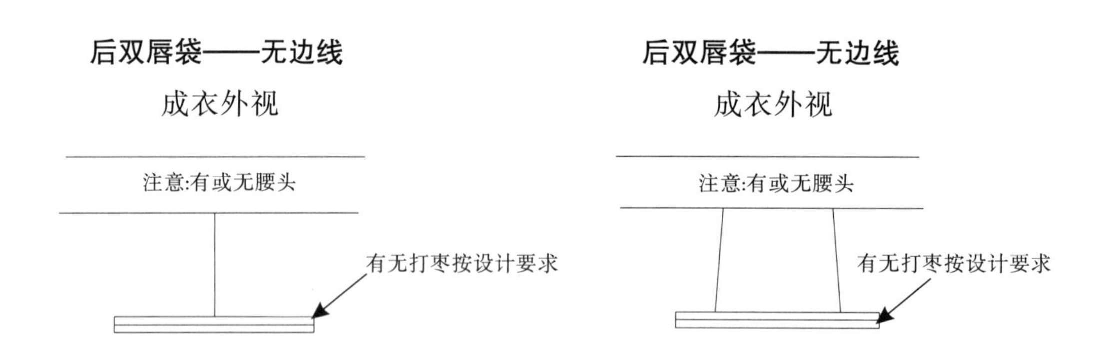

后双唇袋——有边线

成衣外视

注意:有或无腰头

有无打枣按设计要求

后双唇袋——有边线

成衣外视

注意:有或无腰头

有无打枣按设计要求

单唇、双唇袋位

说明:

唇袋完成一般为长13-15cm，宽1-1.3cm。

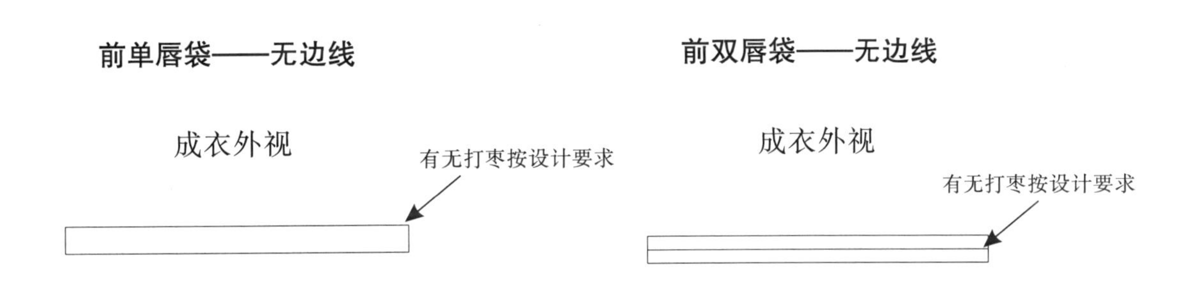

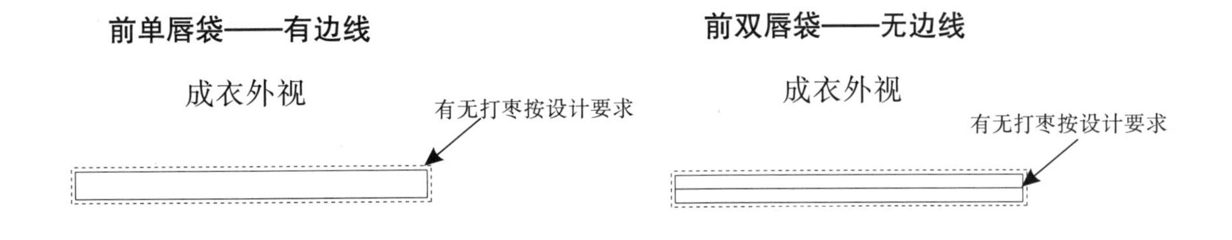

单唇、双唇袋位

直或斜的单唇、双唇袋位

直单唇袋——无边线

成衣外视

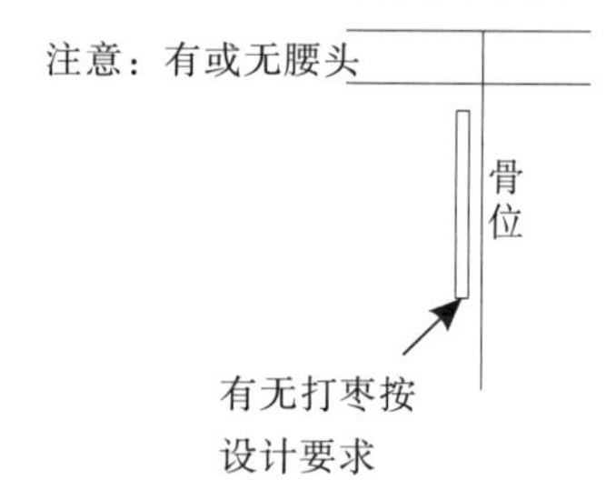

直单唇袋——有边线

成衣外视

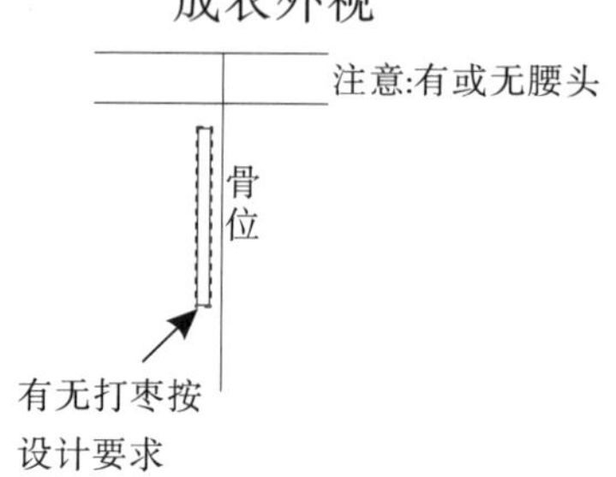

直双唇袋——无边线

成衣外视

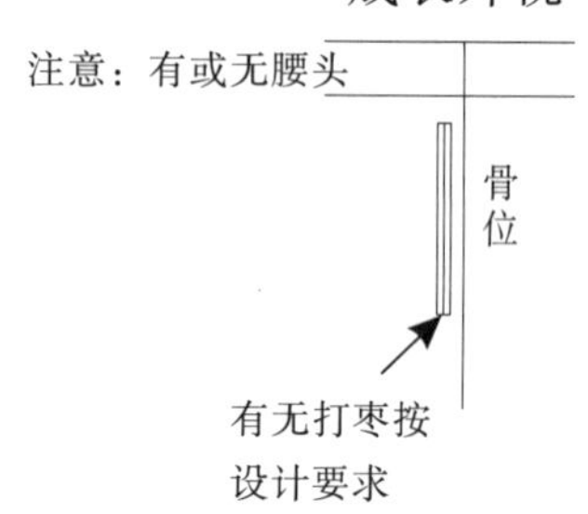

直双唇袋——有边线

成衣外视

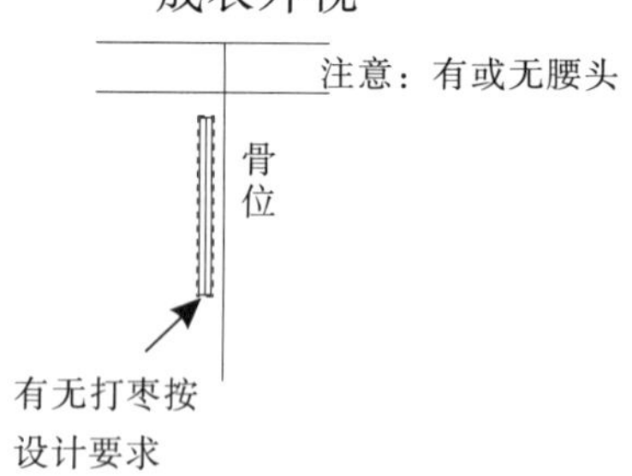

直单唇或双袋——有边线

成衣内视

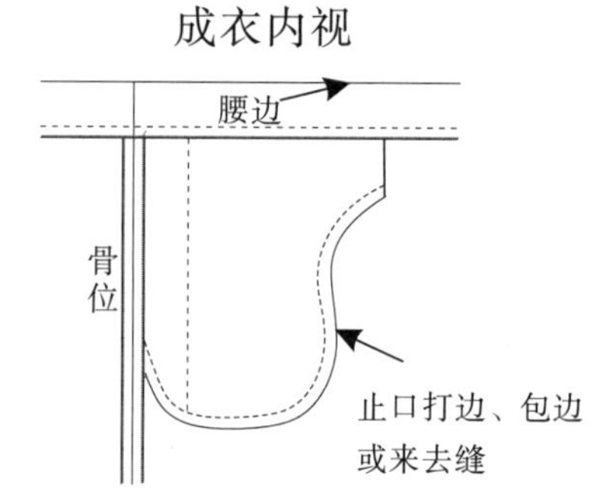

注意：有或无腰头

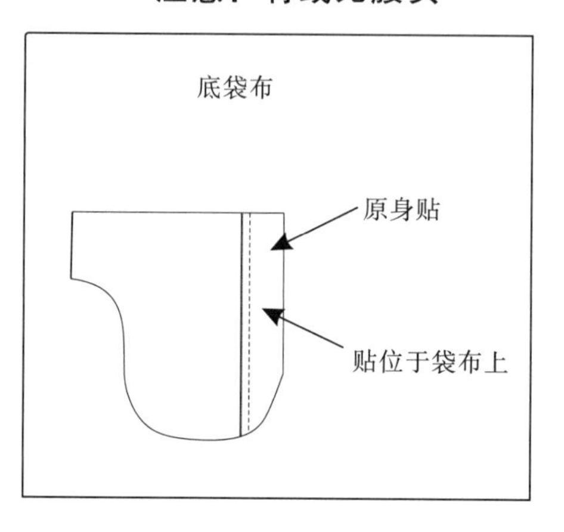

第25节　袋盖

单唇袋有袋盖——无面线

成衣外视

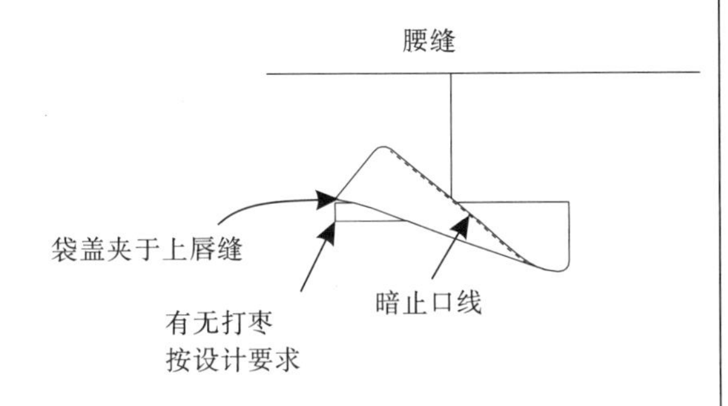

双唇袋有袋盖——无面线

成衣外视

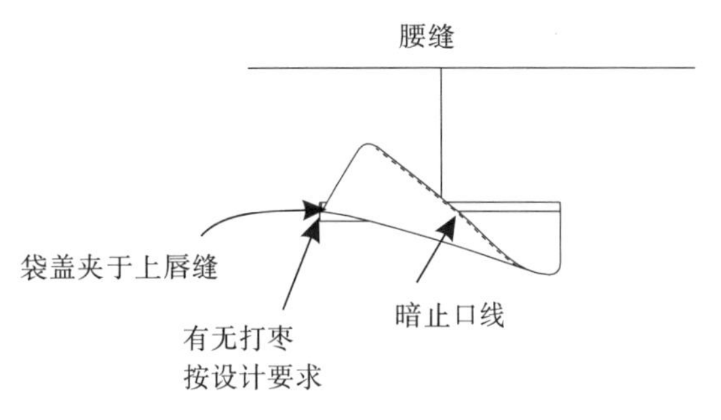

单唇袋有袋盖——有面线

成衣外视

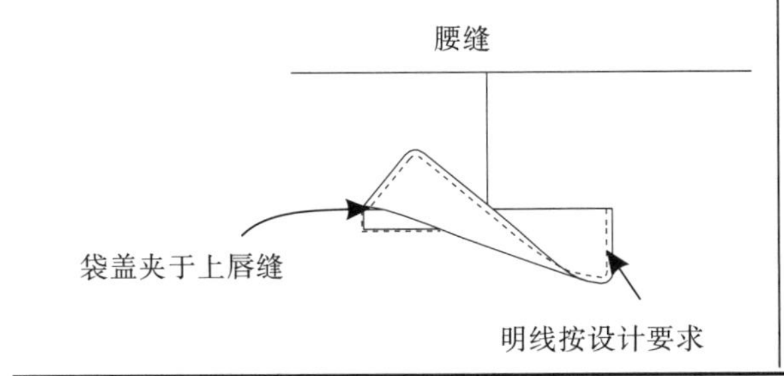

双唇袋有袋盖——有面线

成衣外视

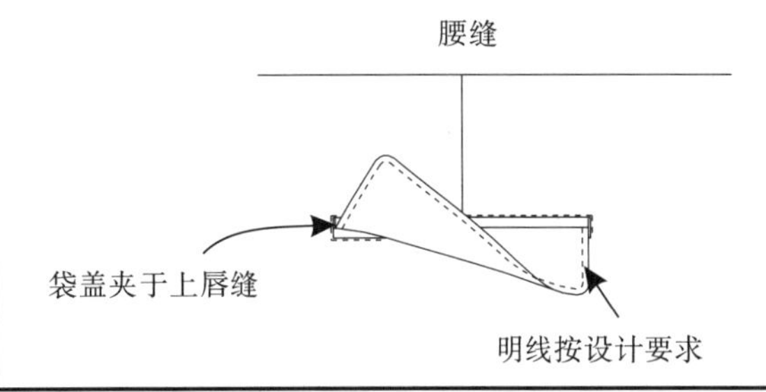

第26节　单唇、双唇袋布

袋布底：位于成衣内观的一层

袋布面：位于成衣和袋布底之间的一层

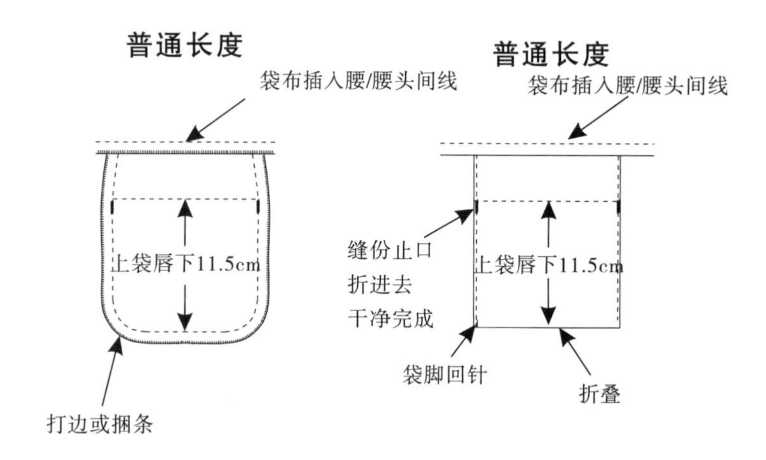

长度较短(低腰类)

袋布插入腰/腰头间线

上袋唇下9cm

打边或捆条

长度较短(低腰类)

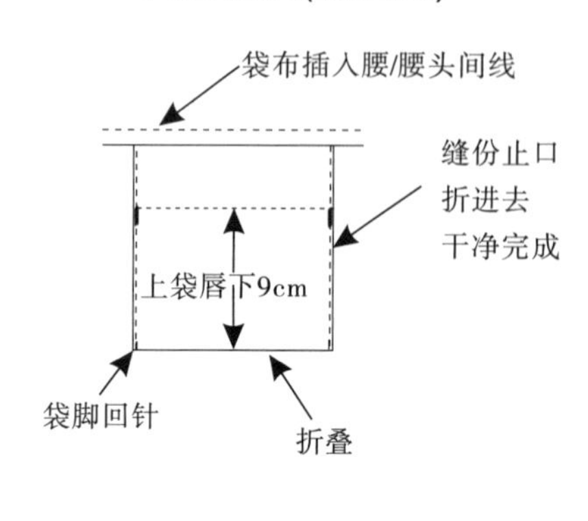

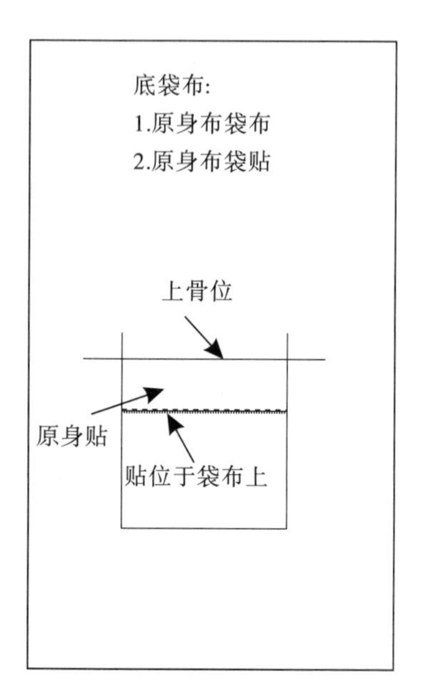

第27节　直缝袋位

说明：

插袋袋口常规完成13–15cm。

直缝袋——开口无面线，内定针

成衣外视　　成衣内视

注意：有或无腰头

缝位

内定针

腰边

内定针

缝位

直缝袋——开口无面线，有打枣

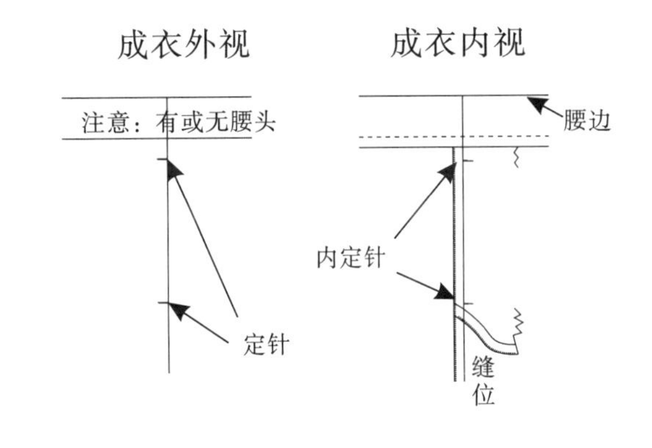

直缝袋——开口有面线，内定针

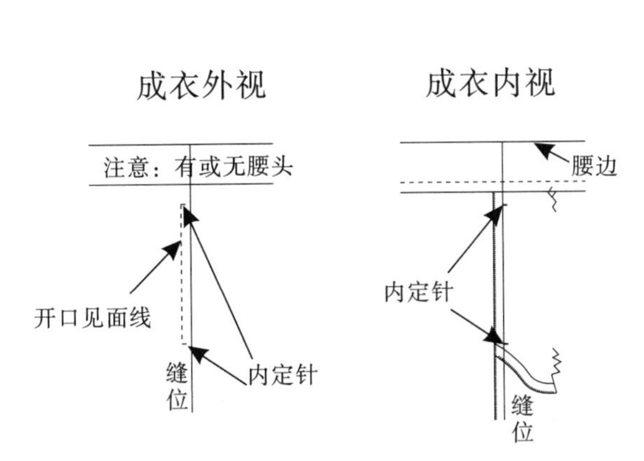

直缝袋——开口有面线，有打枣

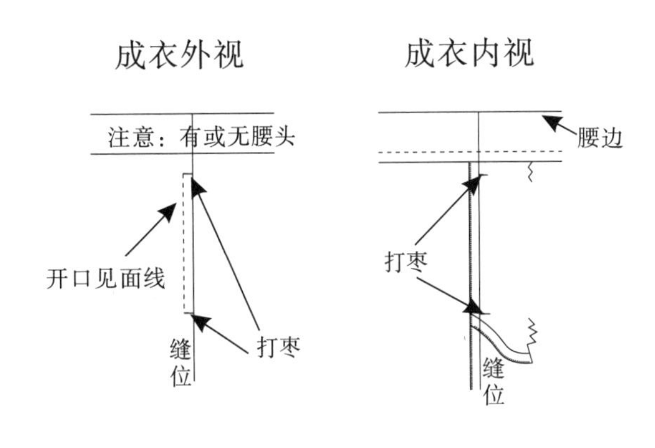

第28节　直缝袋贴

袋布

袋布底：位于成衣内观的一层

袋布面：位于成衣和袋布底之间的一层

成衣内视

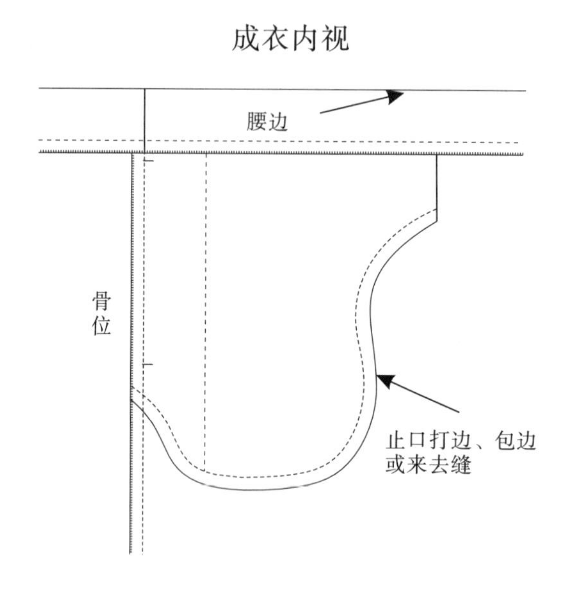

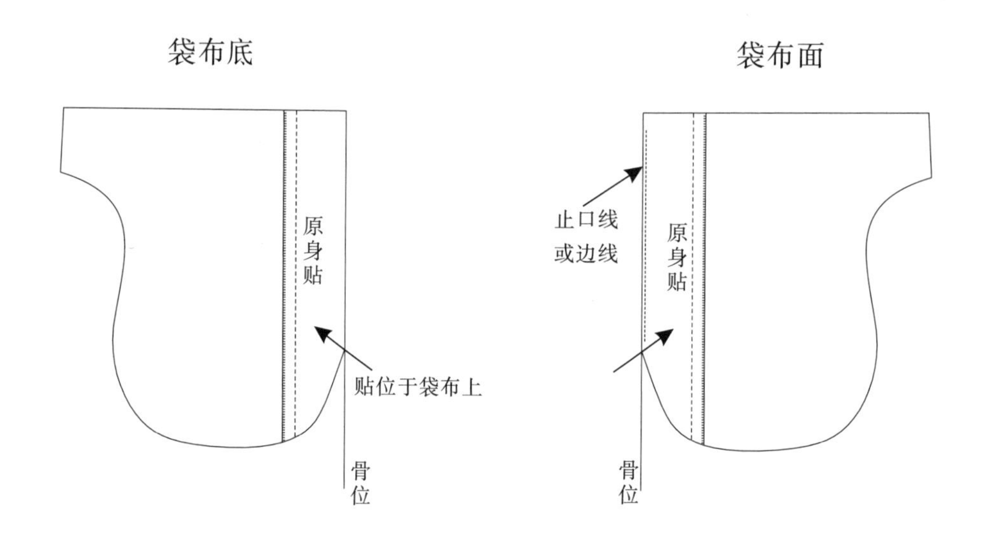

第29节　横袋位

袋布底：位于成衣内视的一层

袋布面：位于成衣和袋布底之间的一层

横骨袋——开口无面线

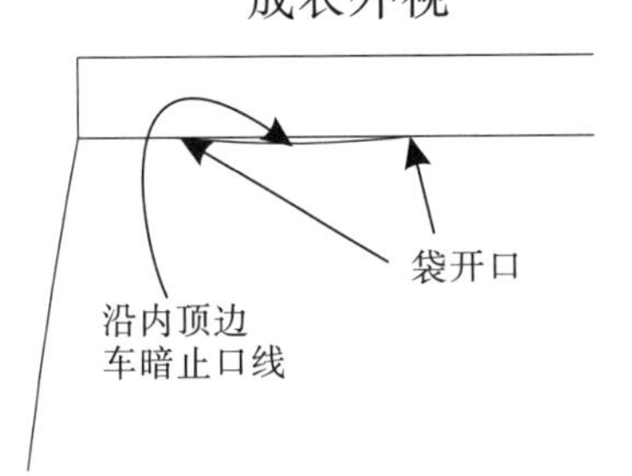

成衣内视

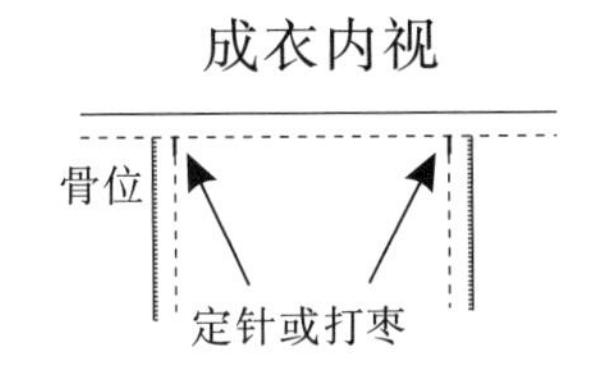

袋布底内视

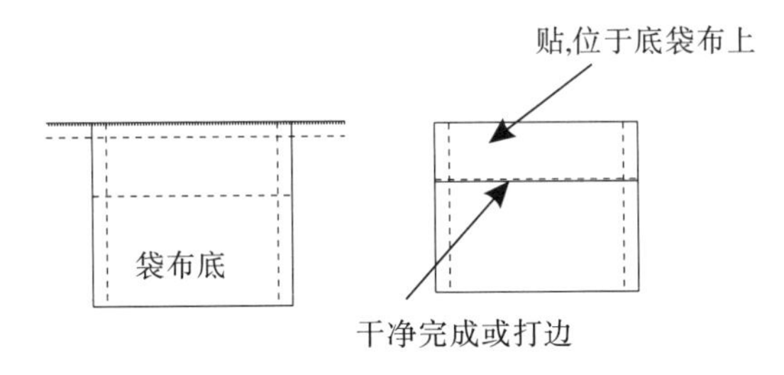

横骨袋——开口有面线

成衣外视

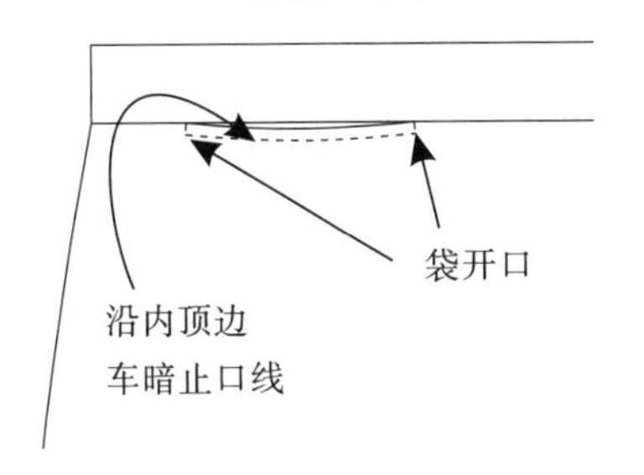

成衣内视

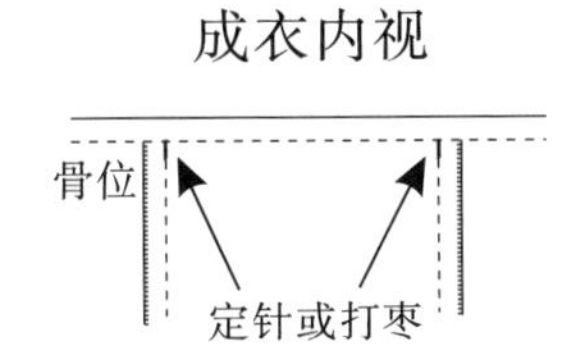

成衣内视

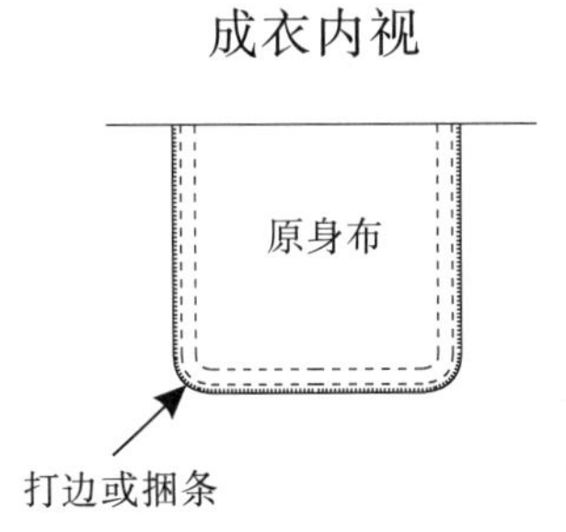

第30节　斜袋有腰头

说明：

插袋袋口常规完成13-15cm。

斜袋有腰头——内定针

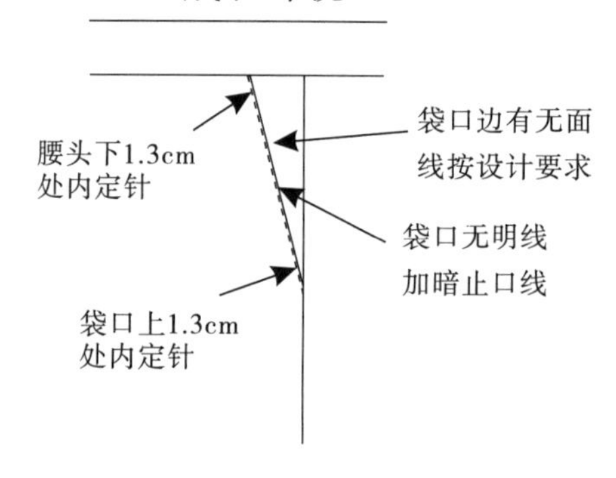

斜袋有腰头——有打枣

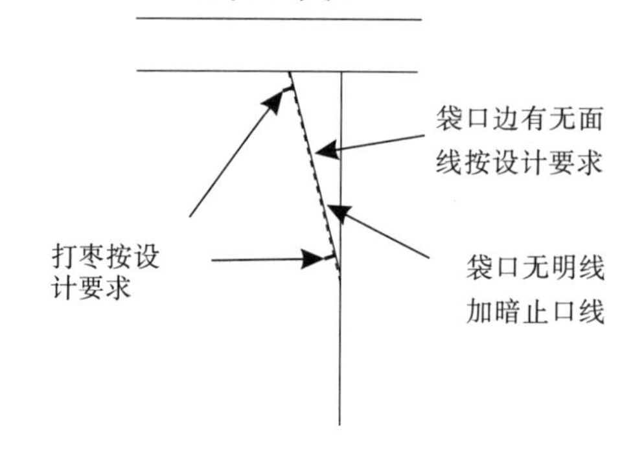

斜袋有腰头

袋布底:
位于成衣内视的一层
袋布面:
位于成衣和袋布底之间的一层

斜袋有腰头——原身底袋布

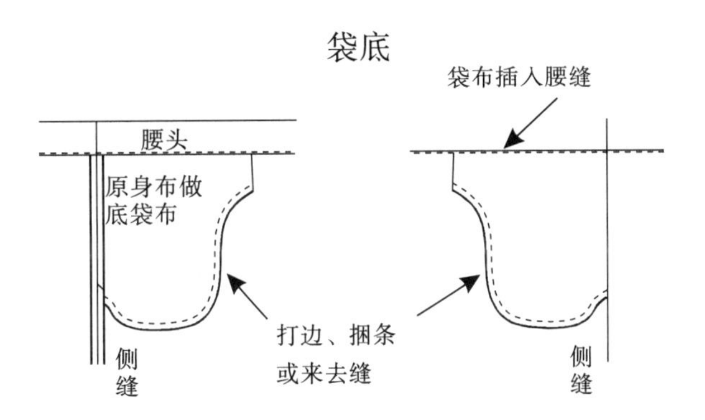

斜袋有腰头——直原身贴

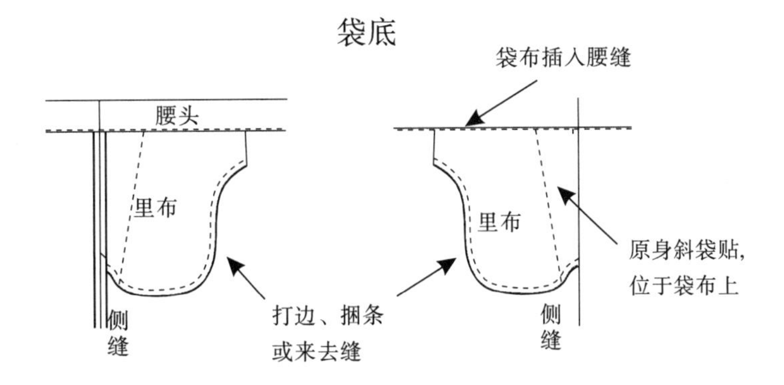

第31节　方型袋

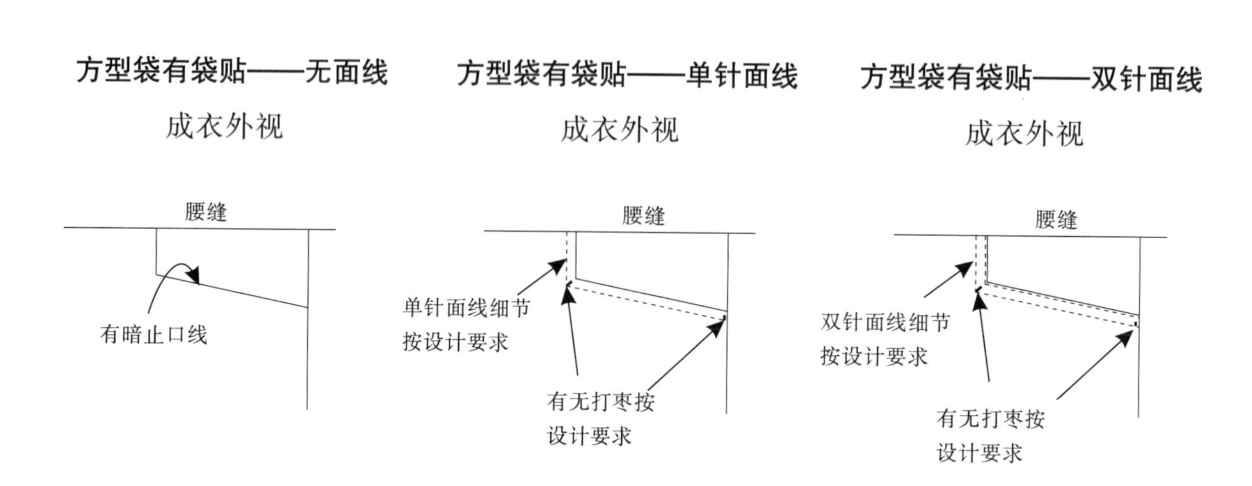

袋布底：位于成衣内视的一层

袋布面：位于成衣和袋布底之间的一层

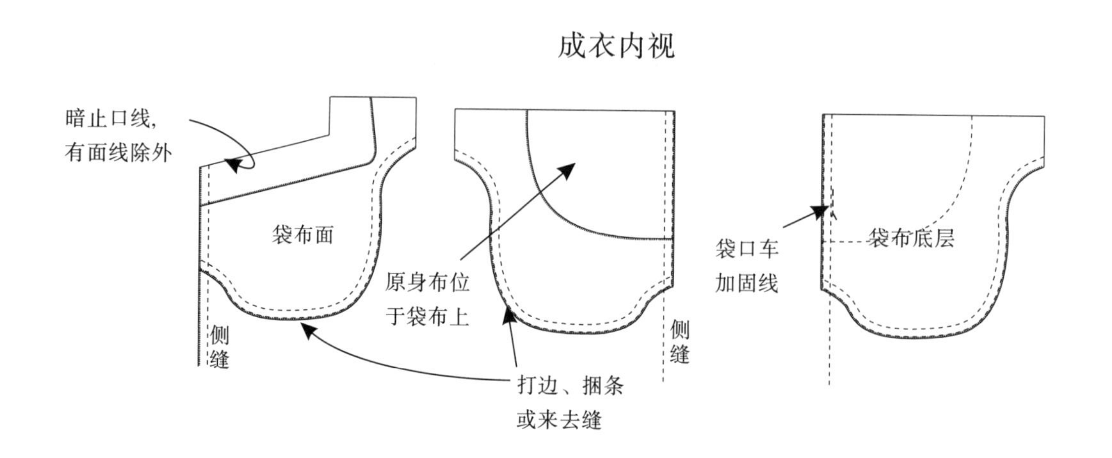

第32节　弧型袋

弧型袋有袋贴

成衣外视

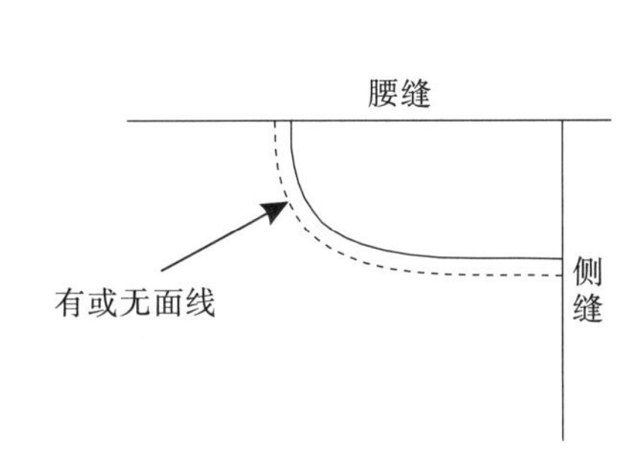

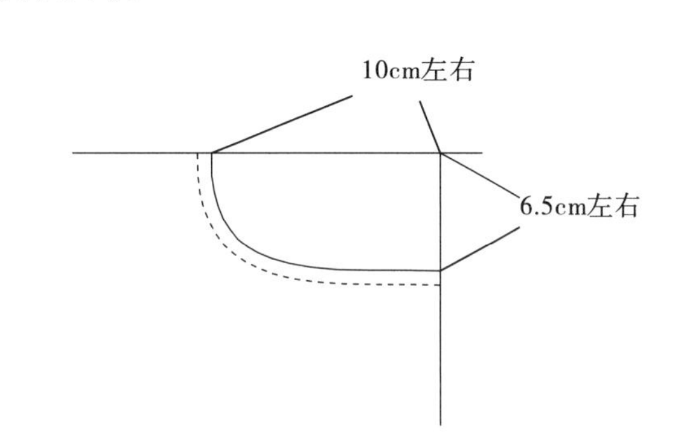

袋布底：位于成衣内视的一层

袋布面：位于成衣和袋布底之间的一层

内部做工

成衣内视

止口线
贴
贴位于袋布上
袋布面
侧缝

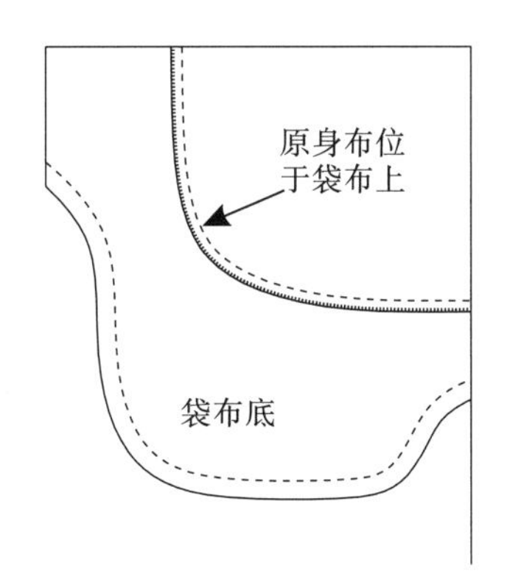

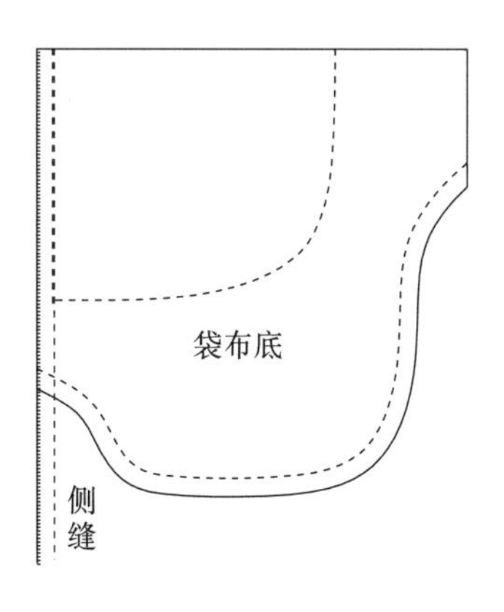

第33节　袋布的常规尺寸

袋布底：位于成衣内视的一层

袋布面：位于成衣和袋布底之间的一层

普通插袋——有或无腰头

袋底

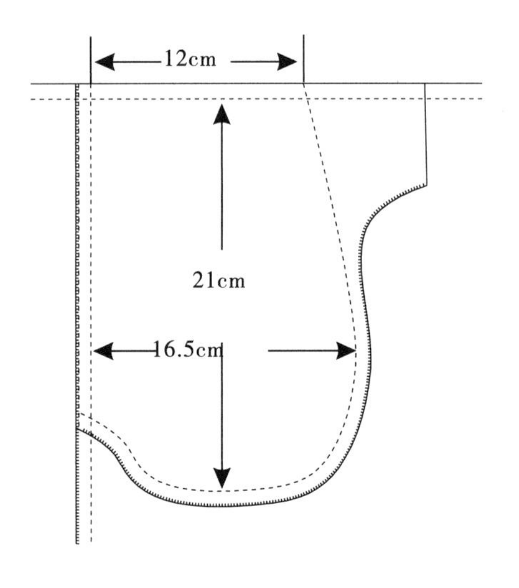

低腰的短袋布——有或无腰头

袋底

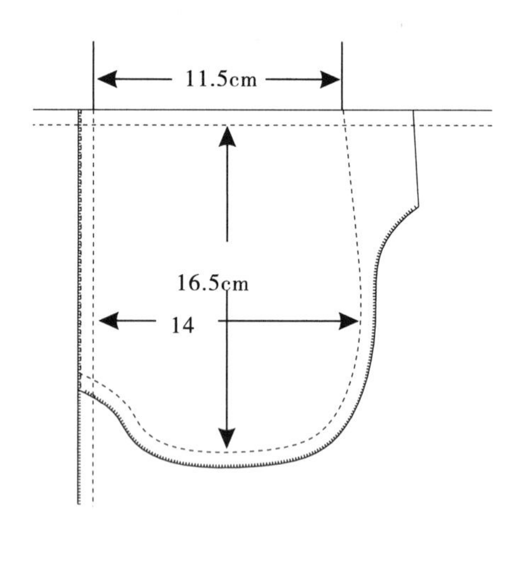

第34节　贴袋

暗线贴袋，无面线——有里或无里

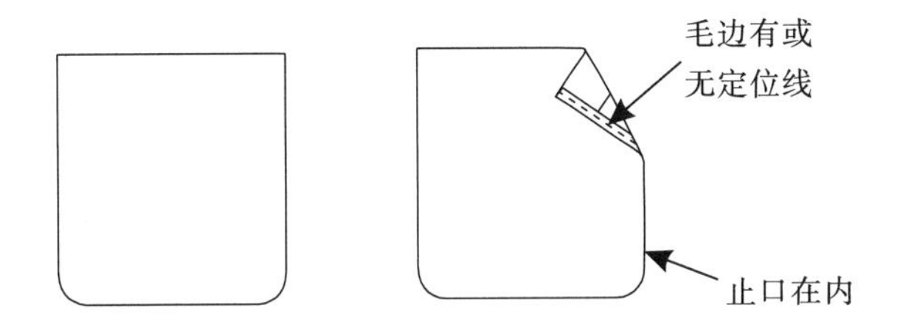

暗线贴袋，有面线——有里或无里

注意：此方法为先贴
　　　一道暗线，再
　　　压一道明线。

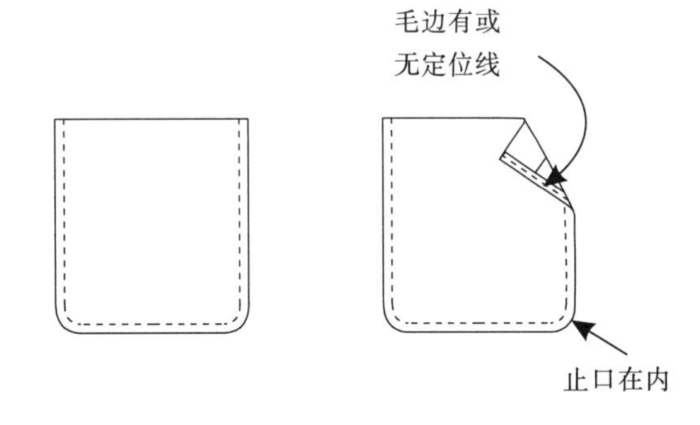

面线贴袋——无里

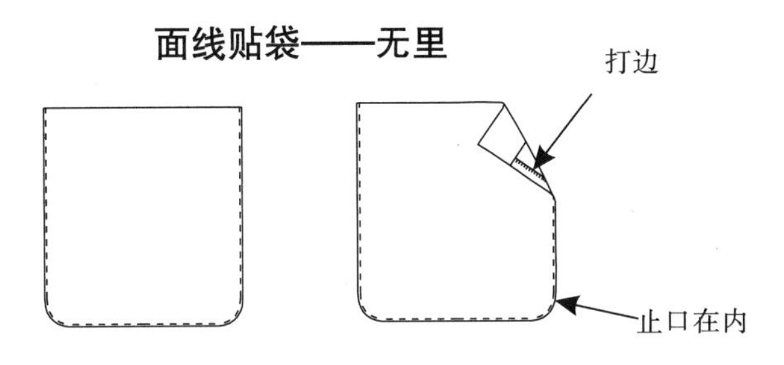

面线贴袋——有里

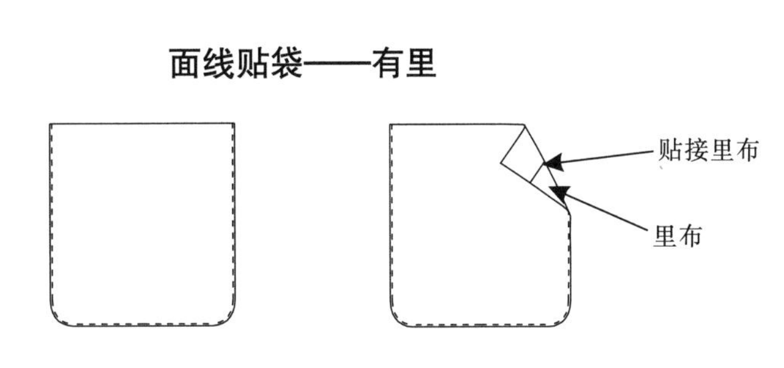

贴袋

袋口贴折叠——有里

外视　　内视

里布

贴折叠2.5-3cm

袋口贴折叠，打边完成车面线——无里

外视　　内视

打边

贴折叠2.5-3cm

注意：此方法为厚面料做法。

袋口贴折叠干净完成车面线——无里

外视　　内视

干净完成

贴折叠2.5-3cm

袋口贴折叠干净完成车面线——无里

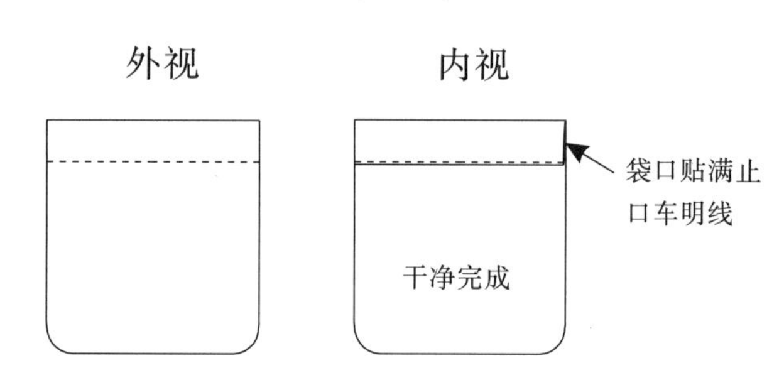

贴袋

常规有里贴袋做工细节

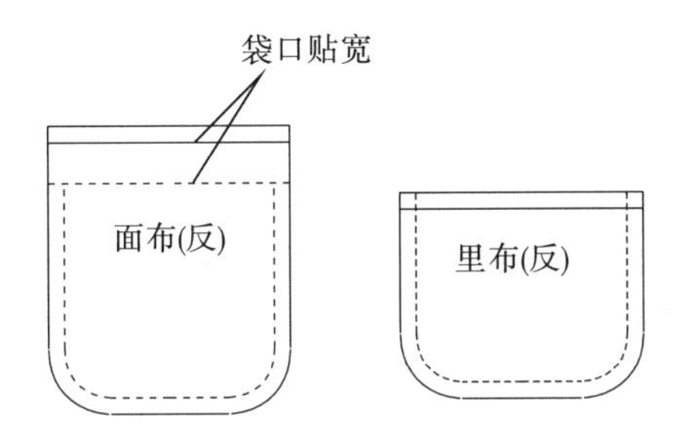

图1
先用实样扣烫（或钩画）
袋面布，袋里布。

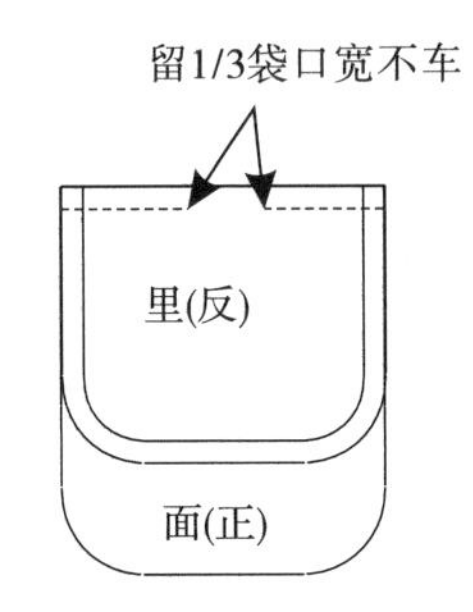

图2
把里袋布放于面布上，沿袋口车线。中间留1/3袋口宽不车，作翻袋之用。

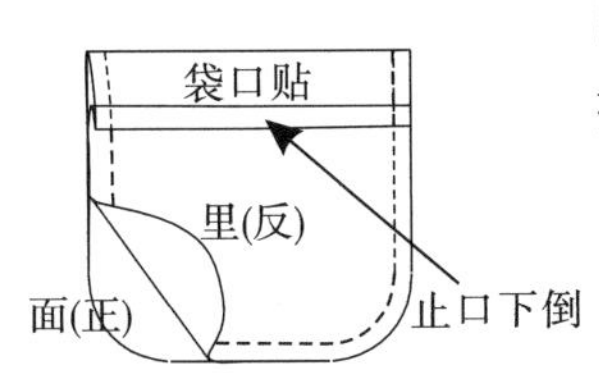

图3
推平袋口贴，沿止口车线。

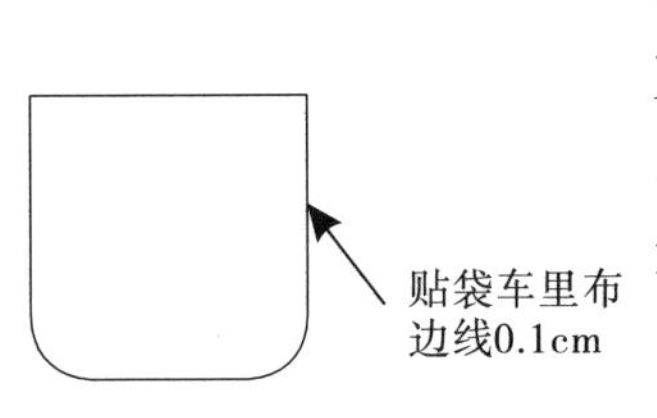

图4
烫平袋布，沿袋里布边车0.1cm边线，烫回面布盖住边线。

第35节　贴袋——加固线

袋角加固线

袋型按设计要求

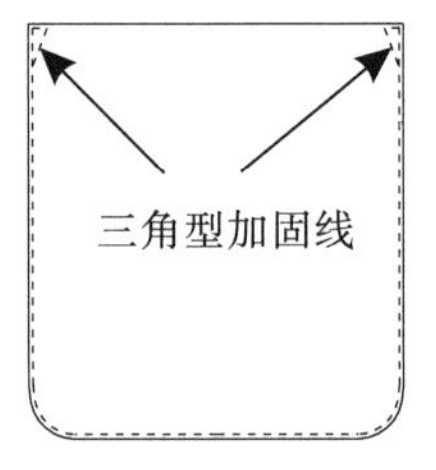

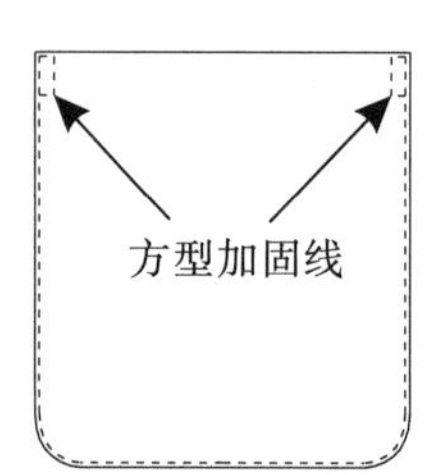

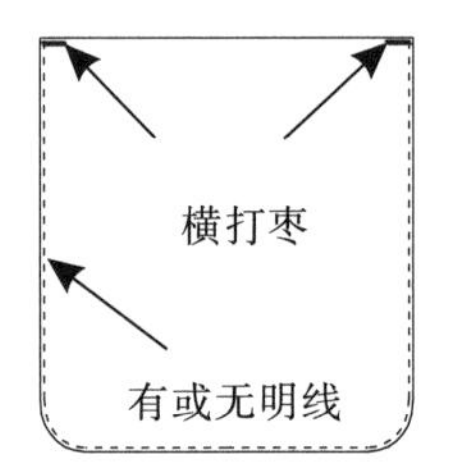

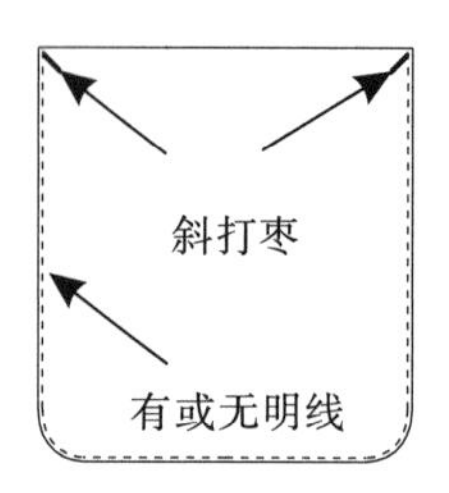

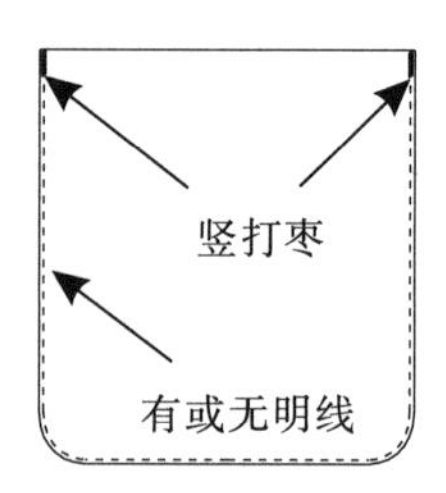

第36节 贴袋——有袋盖

暗线贴袋有袋盖

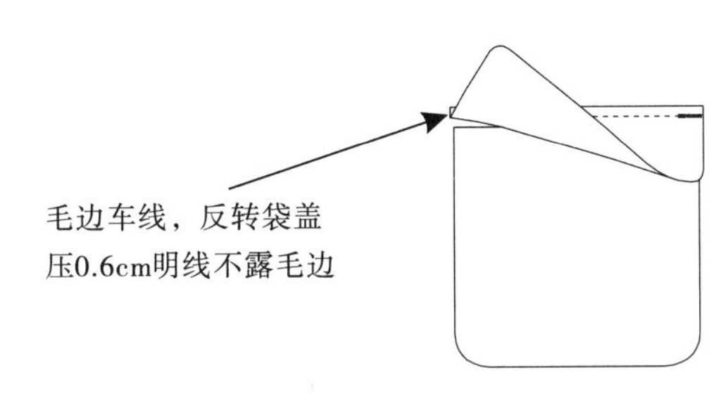

尾端回针或打枣

明线贴袋有袋盖

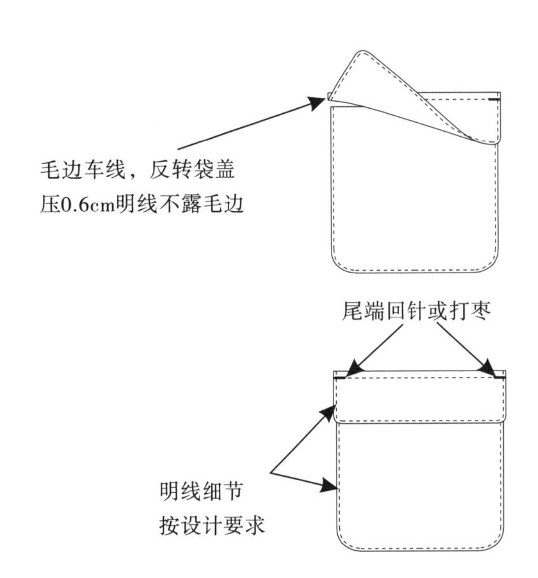

第37节　衩

碰衩——下脚干净完成，有面线

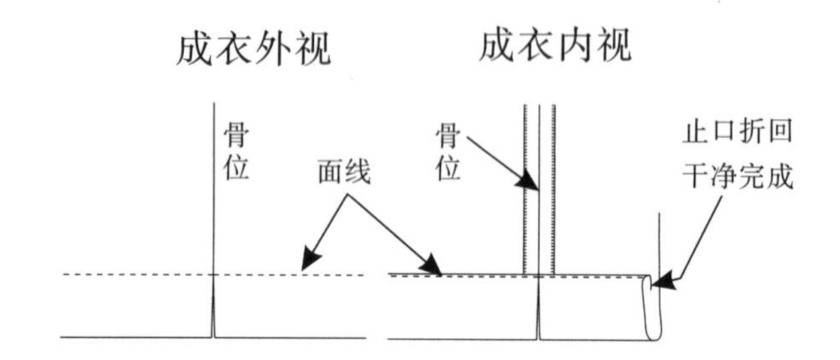

碰衩——下脚干净完成

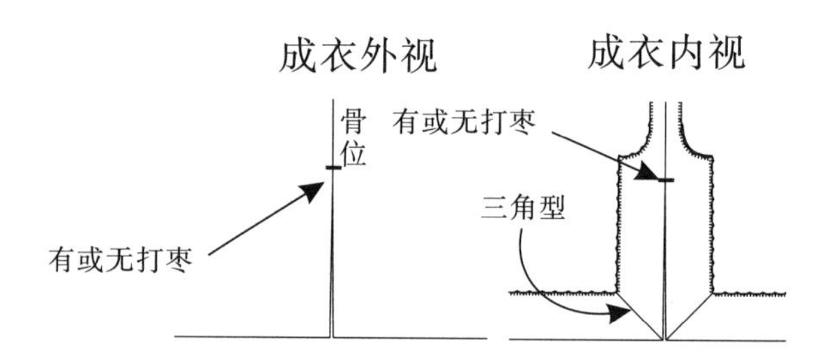

碰衩——下脚干净完成

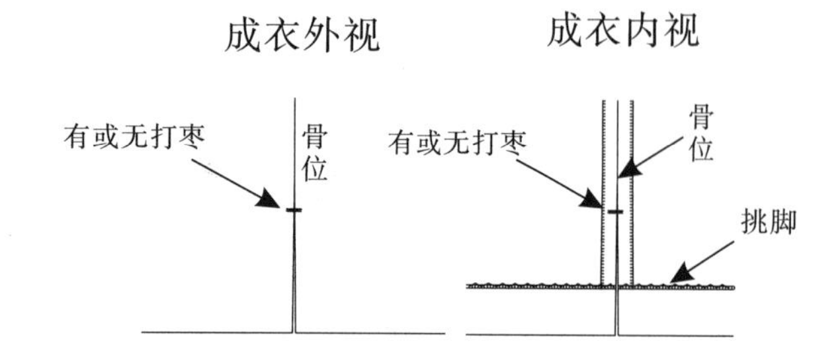

碰衩——下脚干净完成

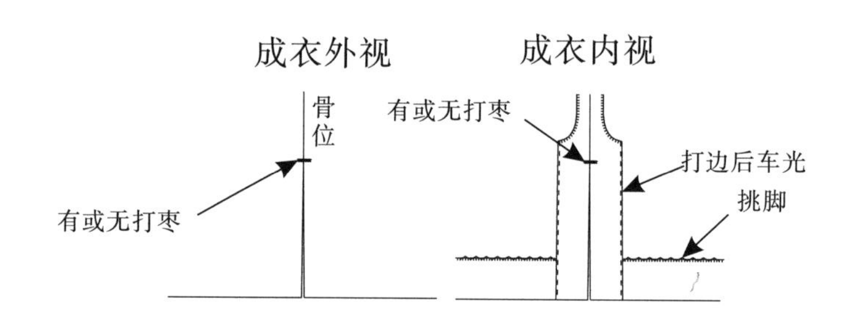

衩

碰衩——下脚干净完成

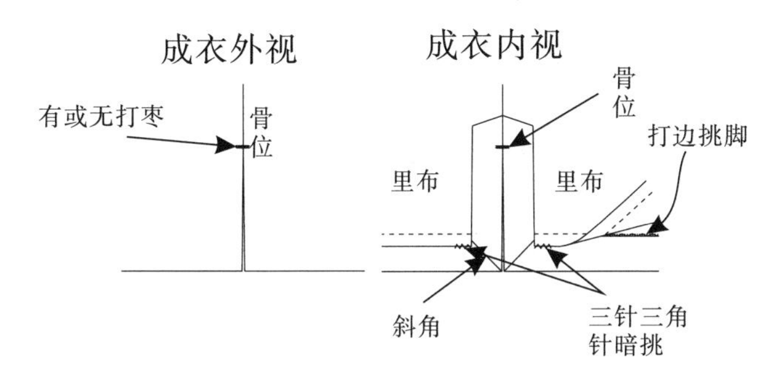

叠衩——下脚干净完成

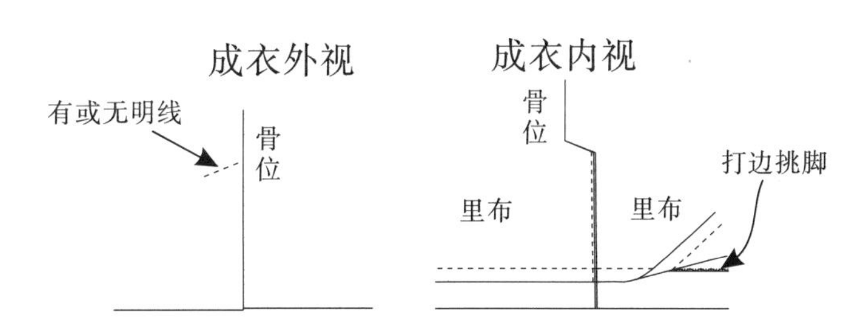

碰衩——下脚干净完成

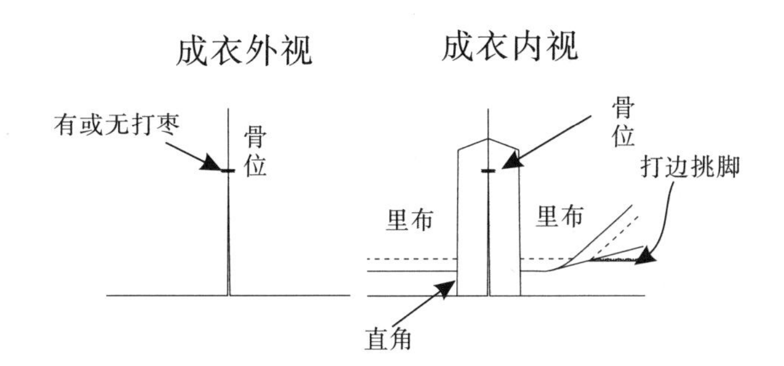

碰衩完成手针X线

成衣外视

手针X线
完成3cmx3cm

叠衩完成手针X线

成衣外视

手针X线
完成3cmx3cm

第38节 钮耳

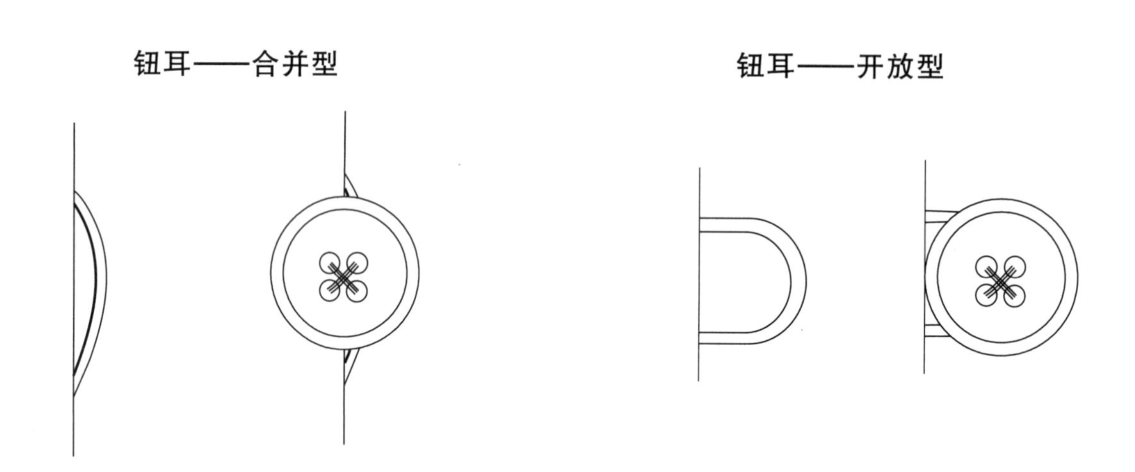

折叠钮耳

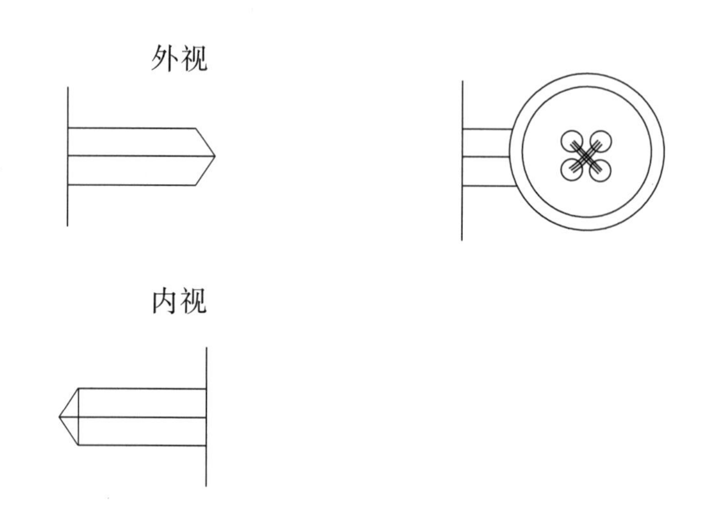

第39节 钩扣与钉法

注意：手工钉乌蝇钩、扁钩扣，一种为梅花状，一种为辐射状。请根据要求选择钉法。

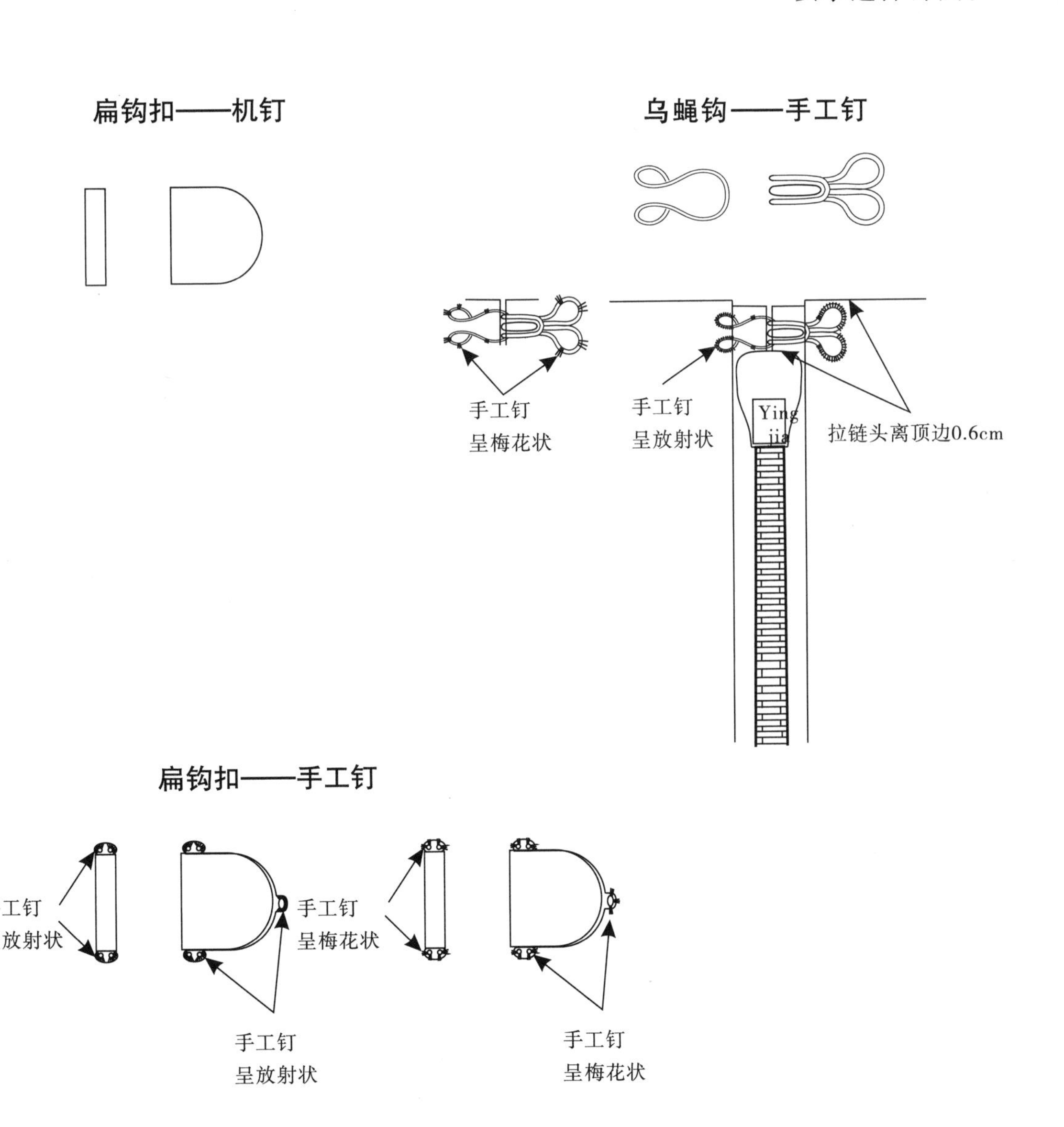

第40节 钮扣与直径

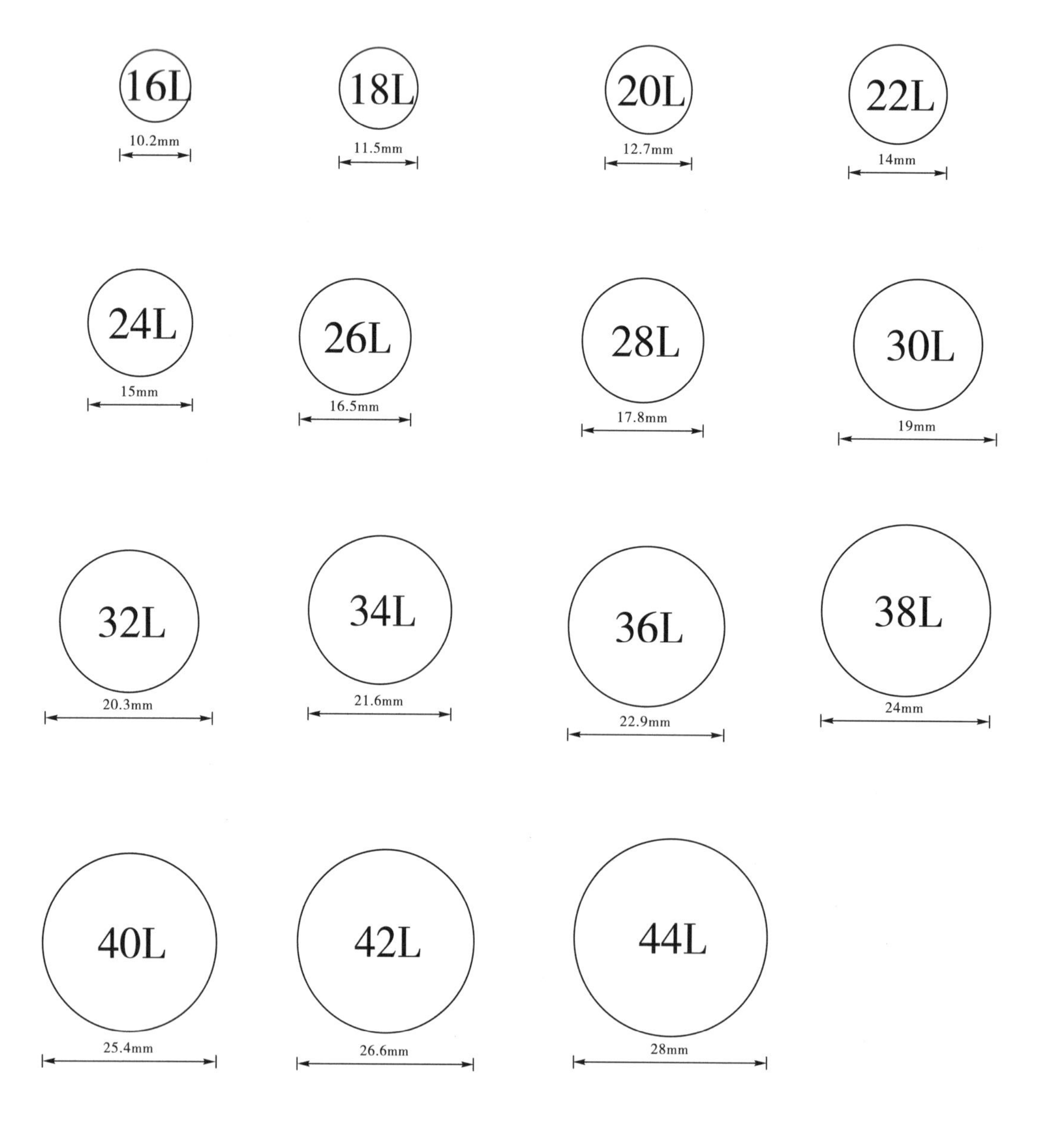

16L
10.2mm
18L
11.5mm
20L
12.7mm
22L
14mm
24L
15mm
26L
16.5mm
28L
17.8mm
30L
19mm
32L
20.3mm
34L
21.6mm
36L
22.9mm
38L
24mm
40L
25.4mm
42L
26.6mm
44L
28mm

第41节　钮门的种类

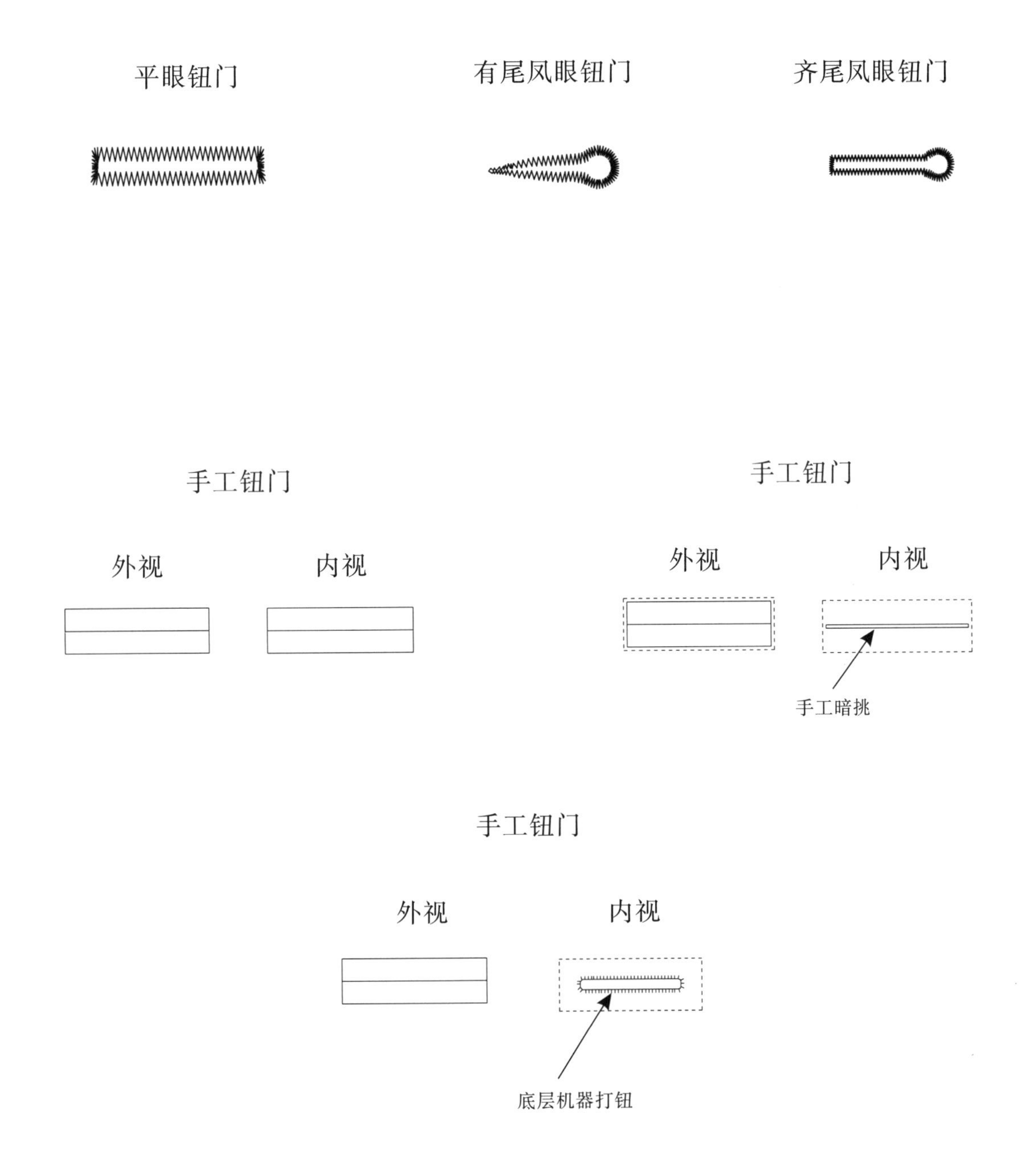

平眼钮门
有尾凤眼钮门
齐尾凤眼钮门
手工钮门
外视
内视
手工钮门
外视
内视
手工暗挑
手工钮门
外视
内视
底层机器打钮

第42节　烫中缝线

说明：烫不烫中缝，请见设计细节要求。

后裤腿:
在最后整烫时按前中缝线烫后中缝线。

注意：
外侧缝与内侧缝从膝围至脚口需对齐。

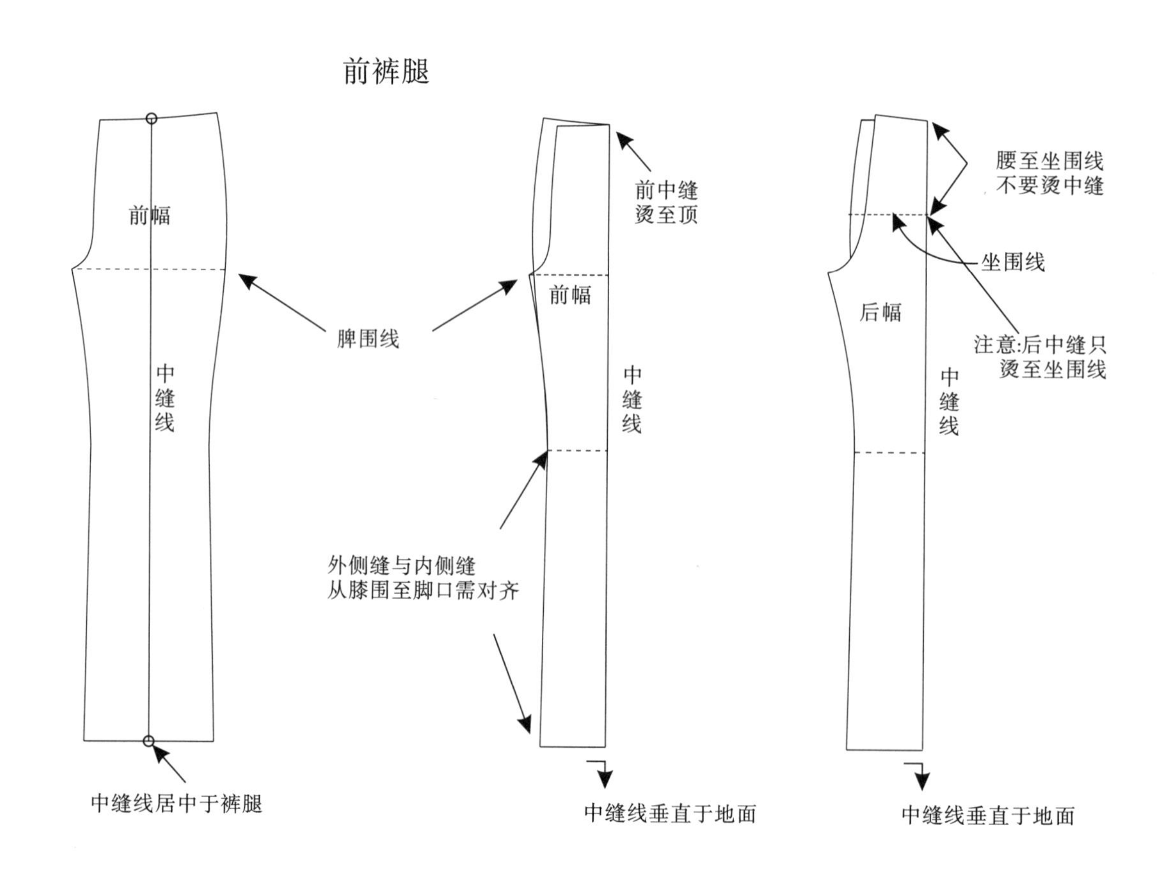

第43节　密边线、人字线与珠边线

密边线

密边线使用的线为高弹线以下为常规的三种要求，如有特殊，以设计要求而定。

外视

1. 底、面线松紧一样，正、反面两边的珠露要一致。

密边宽度：0.2cm
针距：12针/cm

内视

2. 面线比底线稍微紧一点，正面两边的珠露要一致。

密边宽度：0.18cm
针距：12针/cm

3. 底线紧，面线松，正面的边上看不到珠露。

密边宽度：0.15cm
针距：12针/cm

密边线、人字线与珠边线

真珠边线

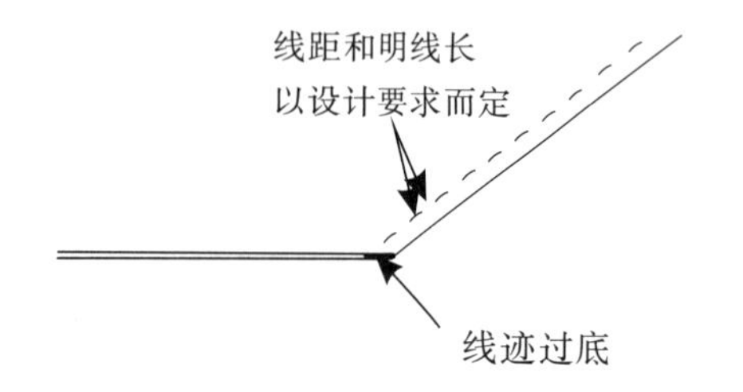

假珠边线

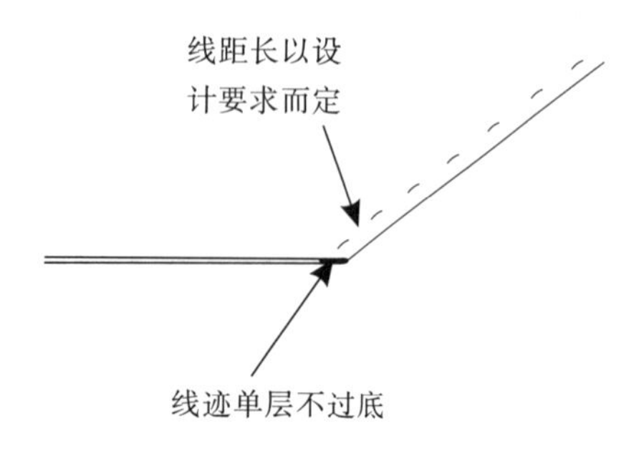

人字线

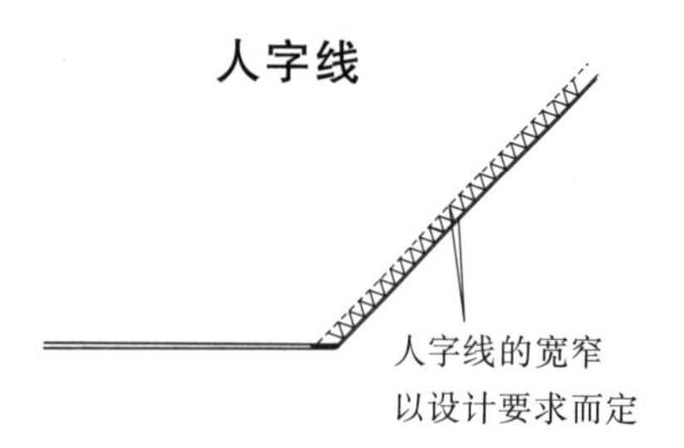

注意:

真珠边线的线迹面和底一样，可以用于服装的任一部位。

假珠边线的底为锁链结构，一般用于有里服装的内部分割线。

珠边线的常规用线为30#、60#两种。30#为粗线，60#为细线。

如同一件服装设计有真珠边线，同时又设计有假珠边线，其真珠边线用线为30#线，假珠边线用线为60#线。

第44节　裤子的度法

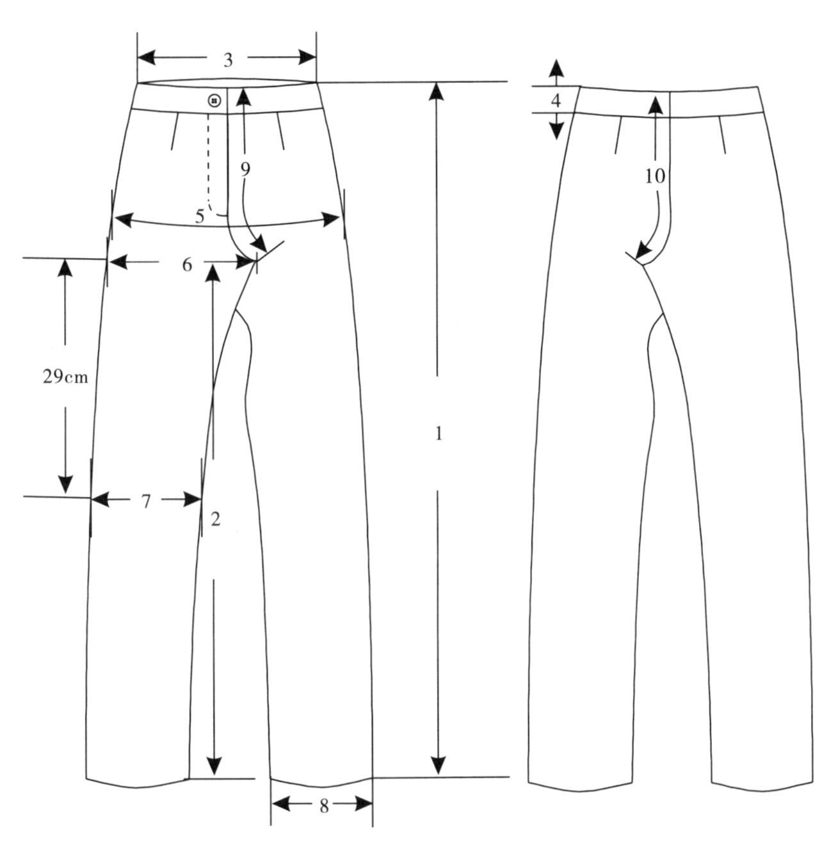

序号	位置指引	度法
1	裤外长	从腰顶度至脚边的长度
2	裤内长	从浪底度至脚边的长度
3	腰围	沿边度
4	腰高	
5	坐围	腰顶下(　　)弧度
6	髀围	浪底横度
7	膝围	浪底下29cm横度
8	脚围	脚口横度
9	前浪	前腰顶下　度（连腰）
10	后浪	后腰顶下　度（连腰）

第45节　裙子的度法

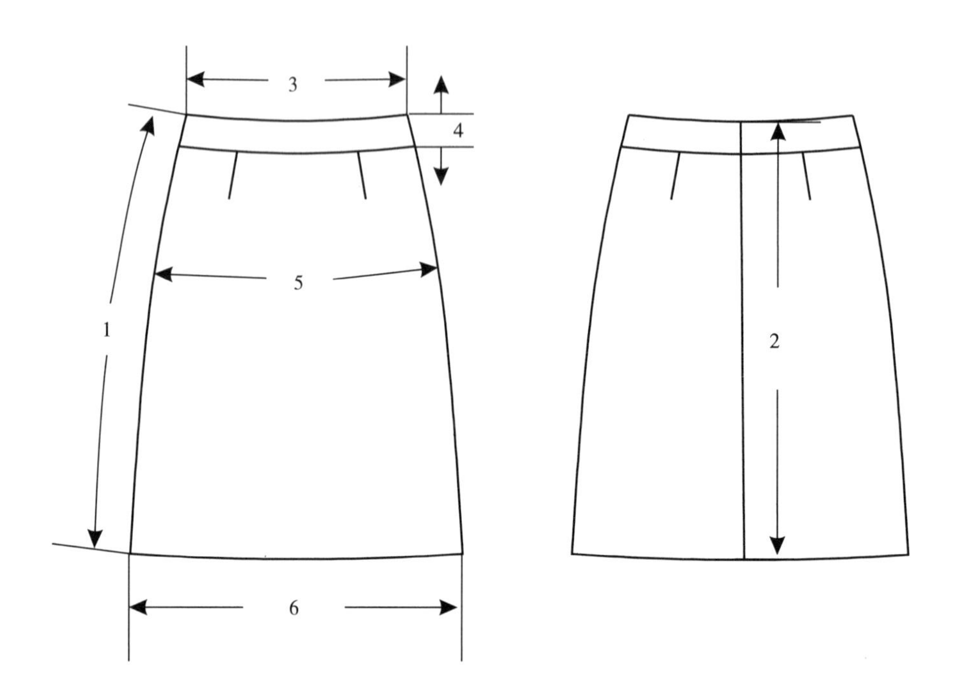

序号	位置指引	度法
1	外长	从侧腰顶度至脚边的长度
2	后中长	从后中腰顶度至脚边的长度
3	腰围	沿边度
4	腰高	
5	坐围	腰顶下(　　)横度
6	脚围	脚口横度
7		
8		
9		
10		

第二章

西装外套类工艺

西装外套类工艺相对裙子和裤子工艺要复杂得多。此章节内容因为有一些制作工艺与裙子、裤子工艺相同，所以没有重复出现，例如缝份、口袋等，具体参考裙子和裤子工艺的章节内容。

第1节　外套类常规缝份的加放——面布

缝份分为外缝和内缝

外缝加放：后中缝、侧缝、肩缝和袖缝1.3cm。

内缝加放：前襟、公主缝、领圈、夹圈、袖山、领子、挂面1cm。上下级领拼接缝0.6或1cm。

折边加放：下脚、袖口4cm。

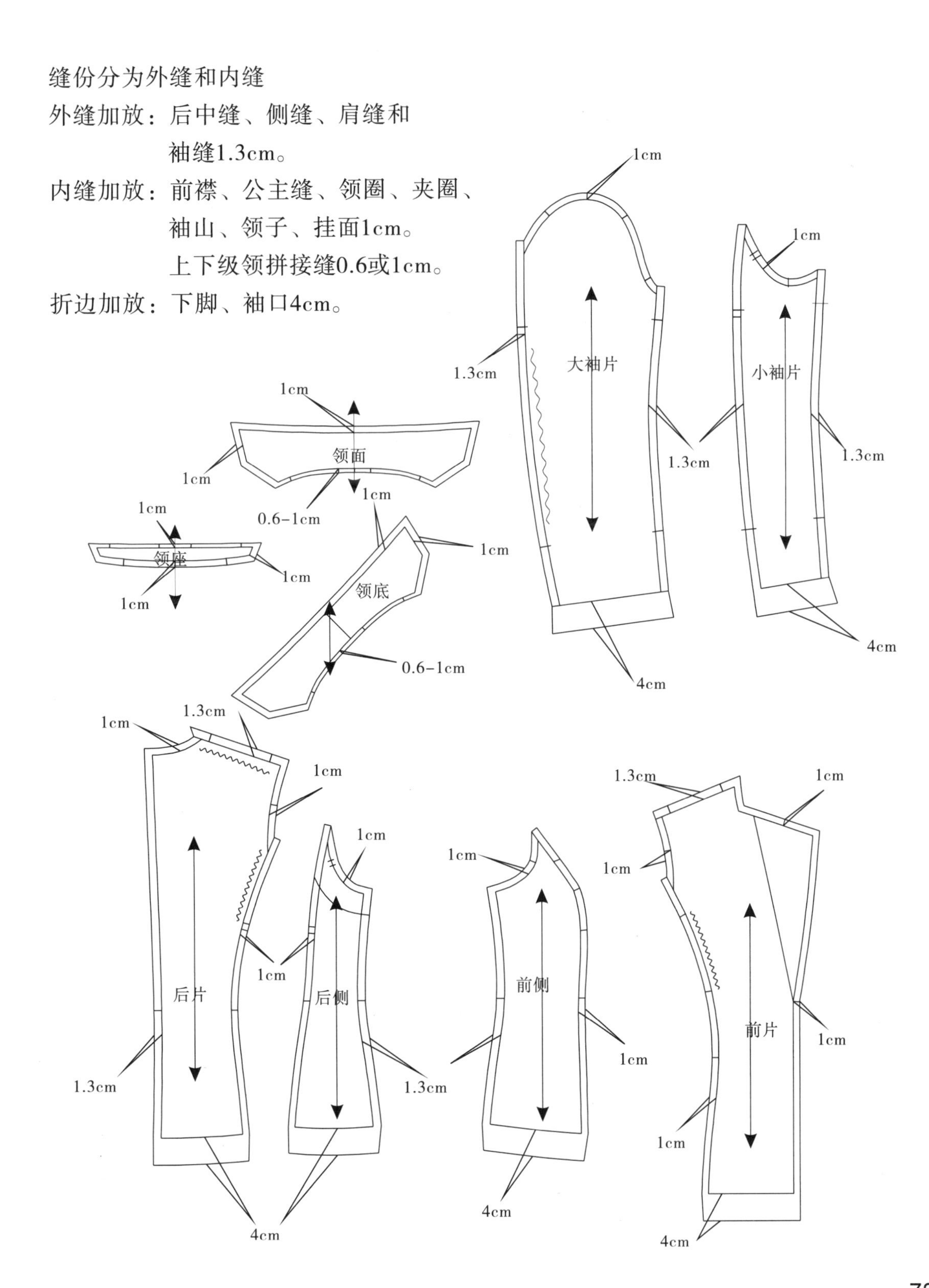

第2节　挂面的配置

图 1
1.沿驳口线切开加出松量。

图 2
2.展开驳头加出高度的松量。

图 3
3.加出缝份和风琴脚。

图 4
4.纸样无风琴脚，下脚加4cm。

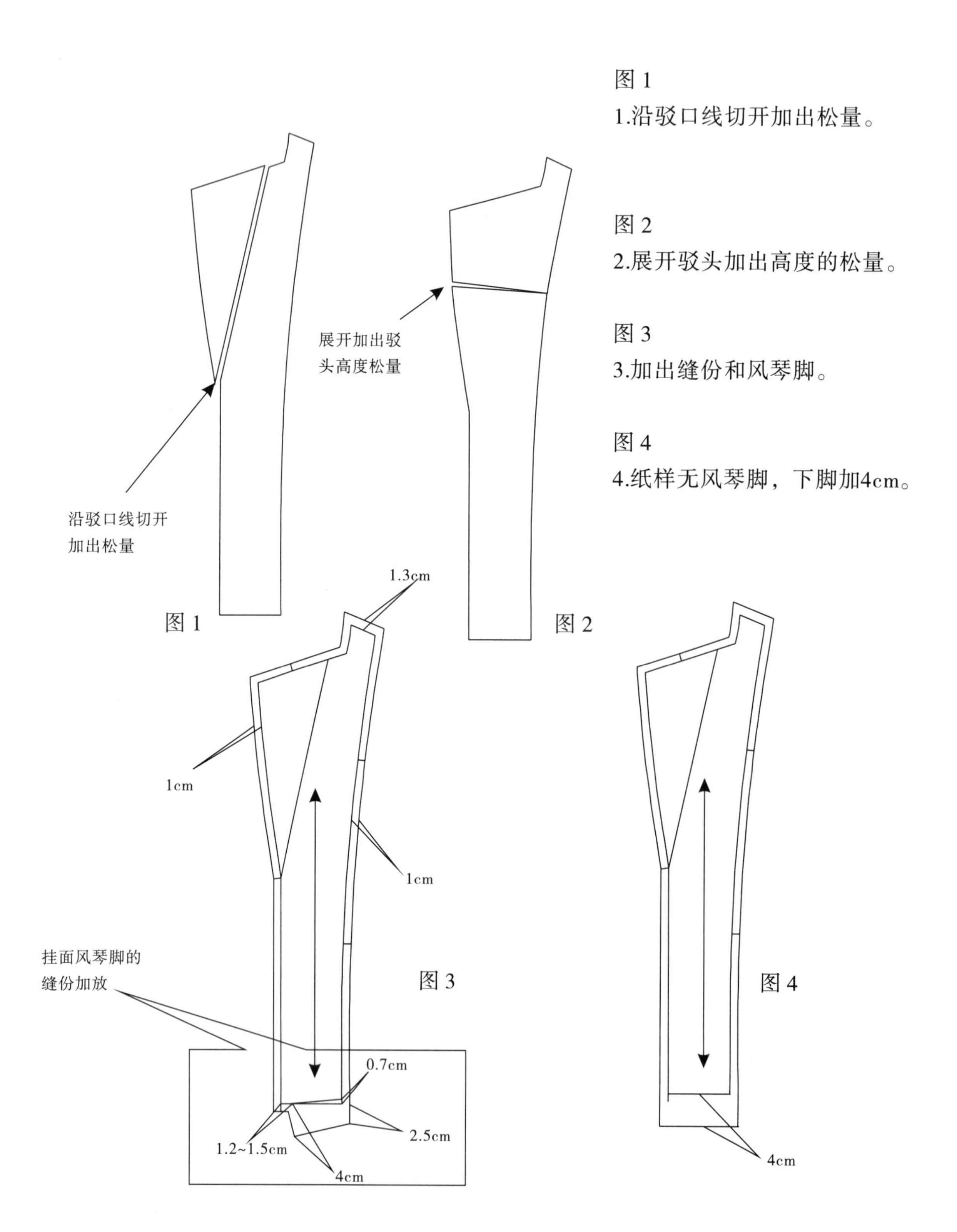

第3节　领面的配置

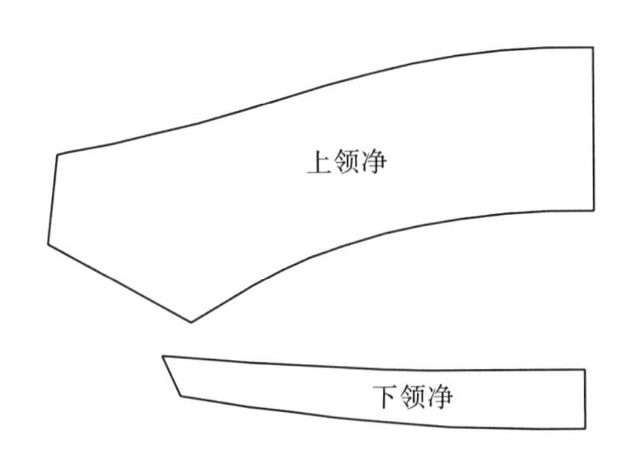

图 1

图 1
上、下领净样。

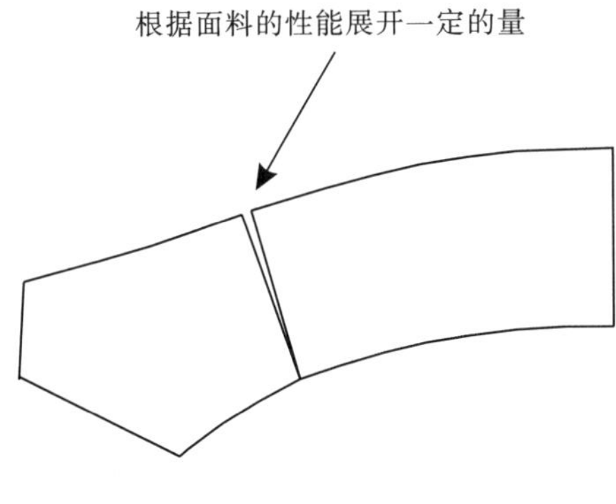

图 2

图 2、图 3
展开上领，根据面料的性能加出一定的量得到领面纸样。

实线为领面线。

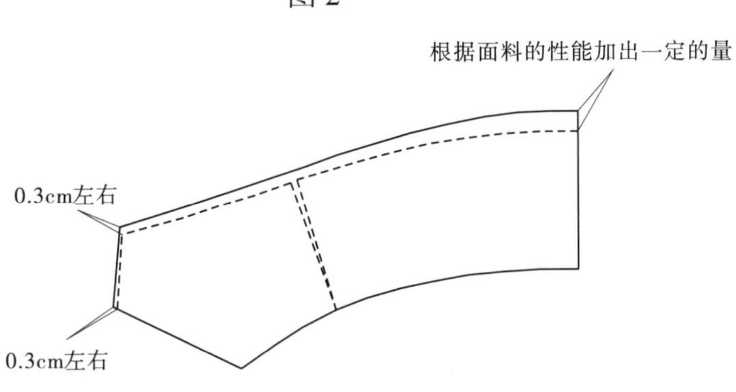

图 3

第4节　外套类常规缝份的加放——里布

说明：

里布先加出风琴，再往外加出缝份。缝份的大小和面布一样。

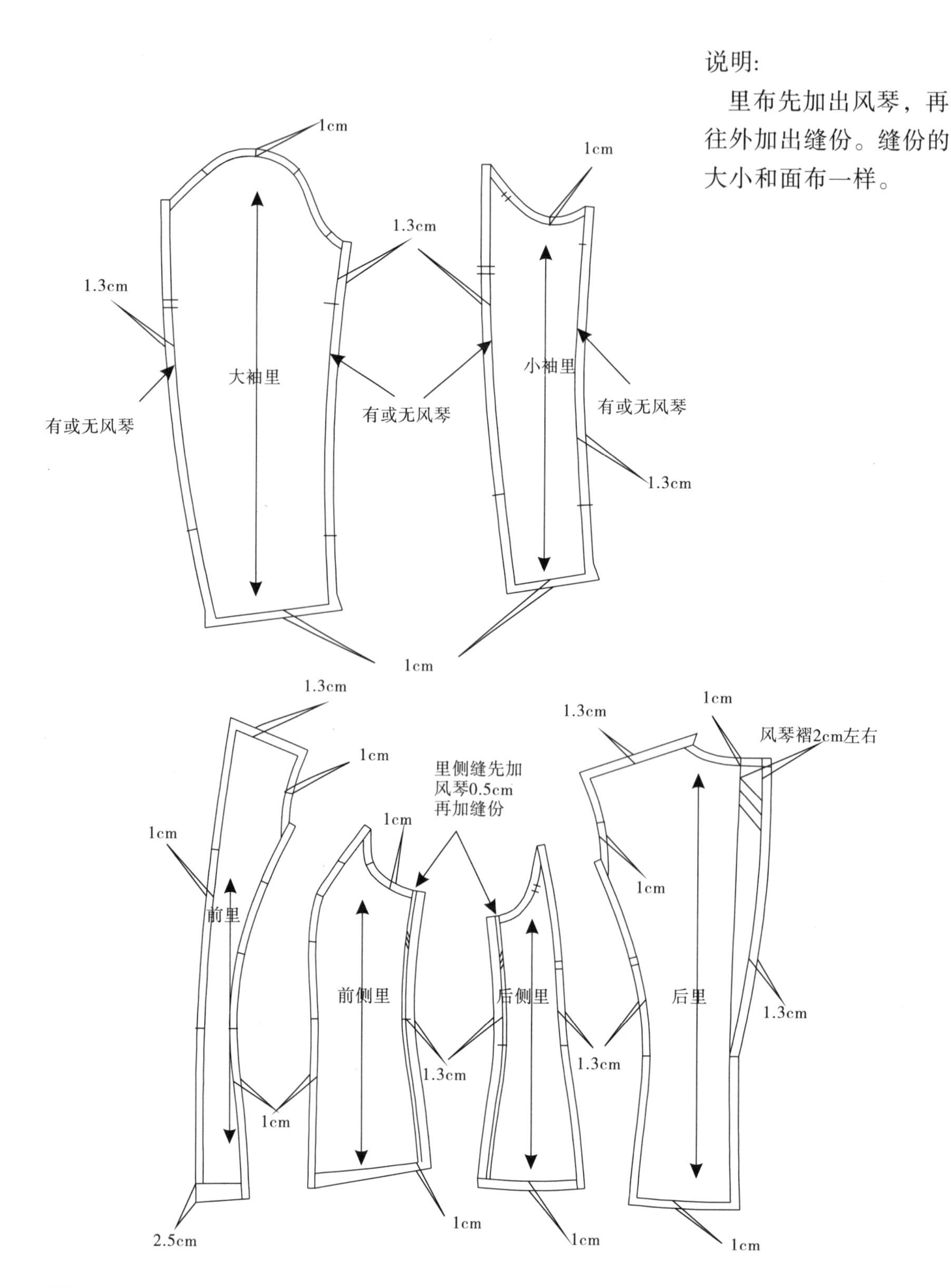

第5节　裁板与修片

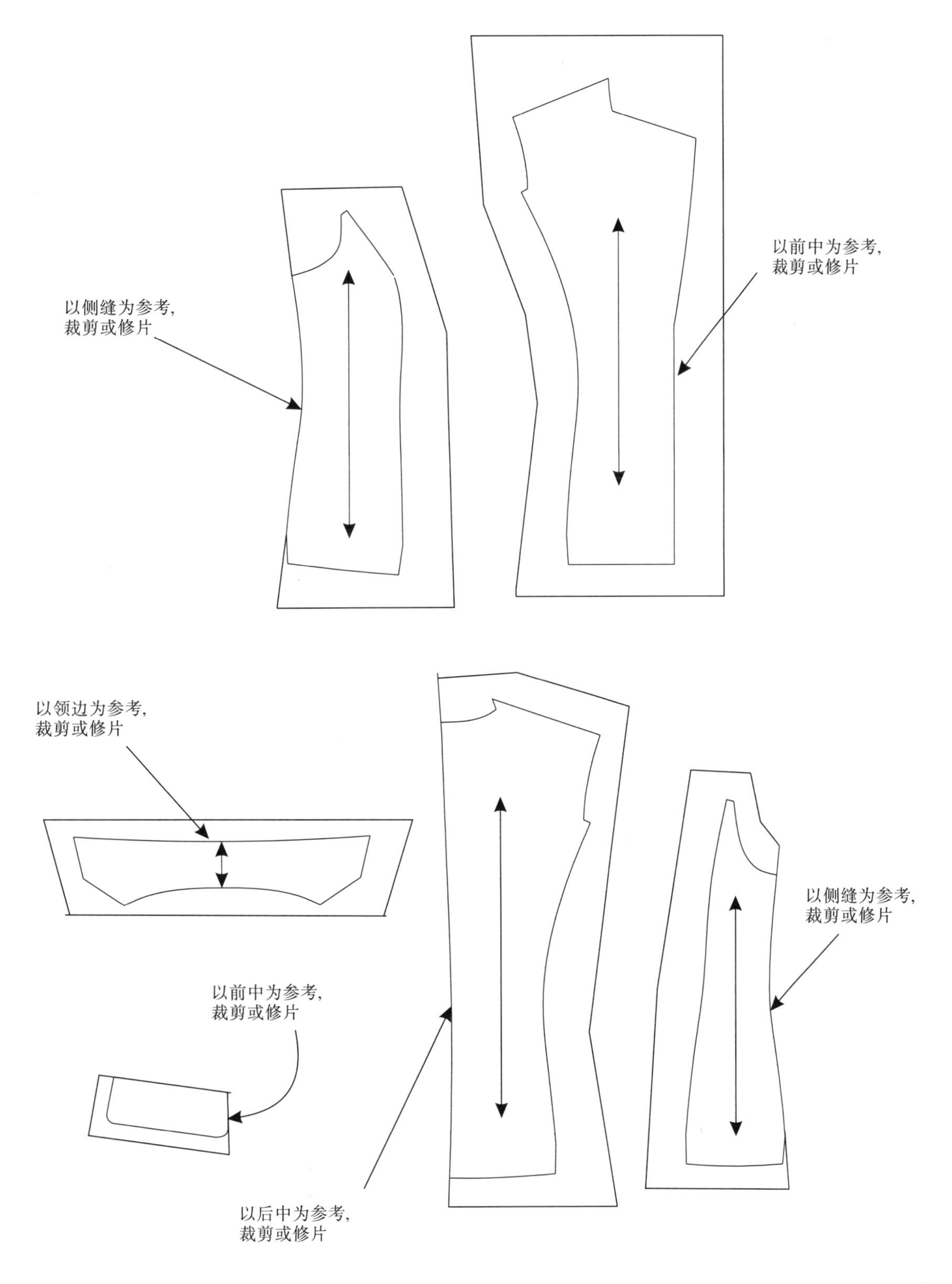
以前中为参考，
裁剪或修片
以侧缝为参考，
裁剪或修片
以领边为参考，
裁剪或修片
以侧缝为参考，
裁剪或修片
以前中为参考，
裁剪或修片
以后中为参考，
裁剪或修片

第6节　外套类常规粘朴部位

注意：

所有朴基本标准或其他方面都需测试兼容性和性能，是否适用面料。

粘朴部位：

外套类常规粘朴部位为前片、前侧片、挂面、领面、领底、领座、后片上、后侧上、后片下脚、后侧下脚、大小袖口。

特别提示：

后片、后侧片有可能落全朴也有可能上部分不落朴。

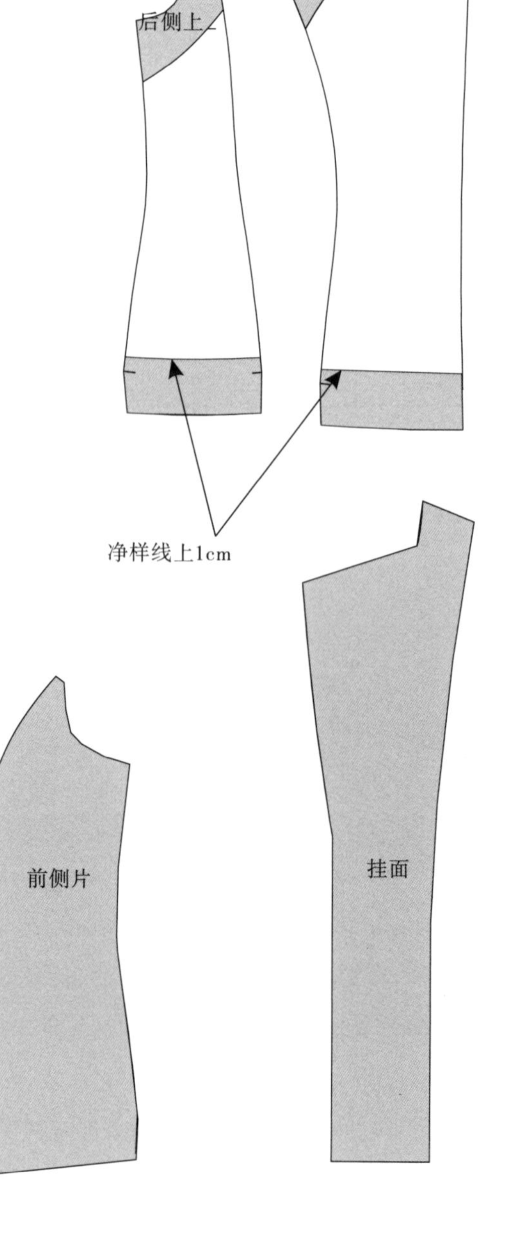

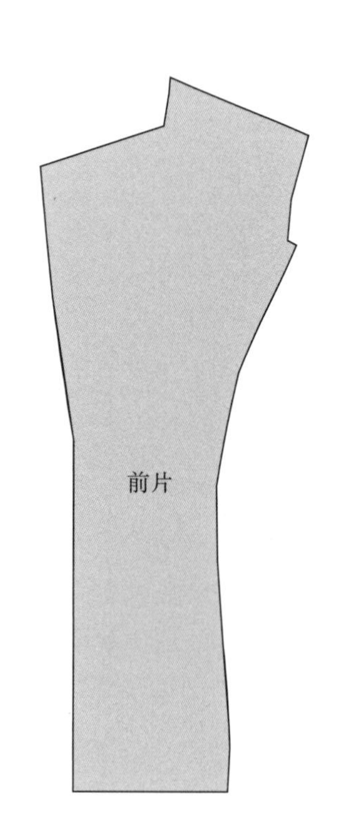

外套类常规粘朴部位

注意：

前襟边如果面料较薄，

可能要用直纹里布条。

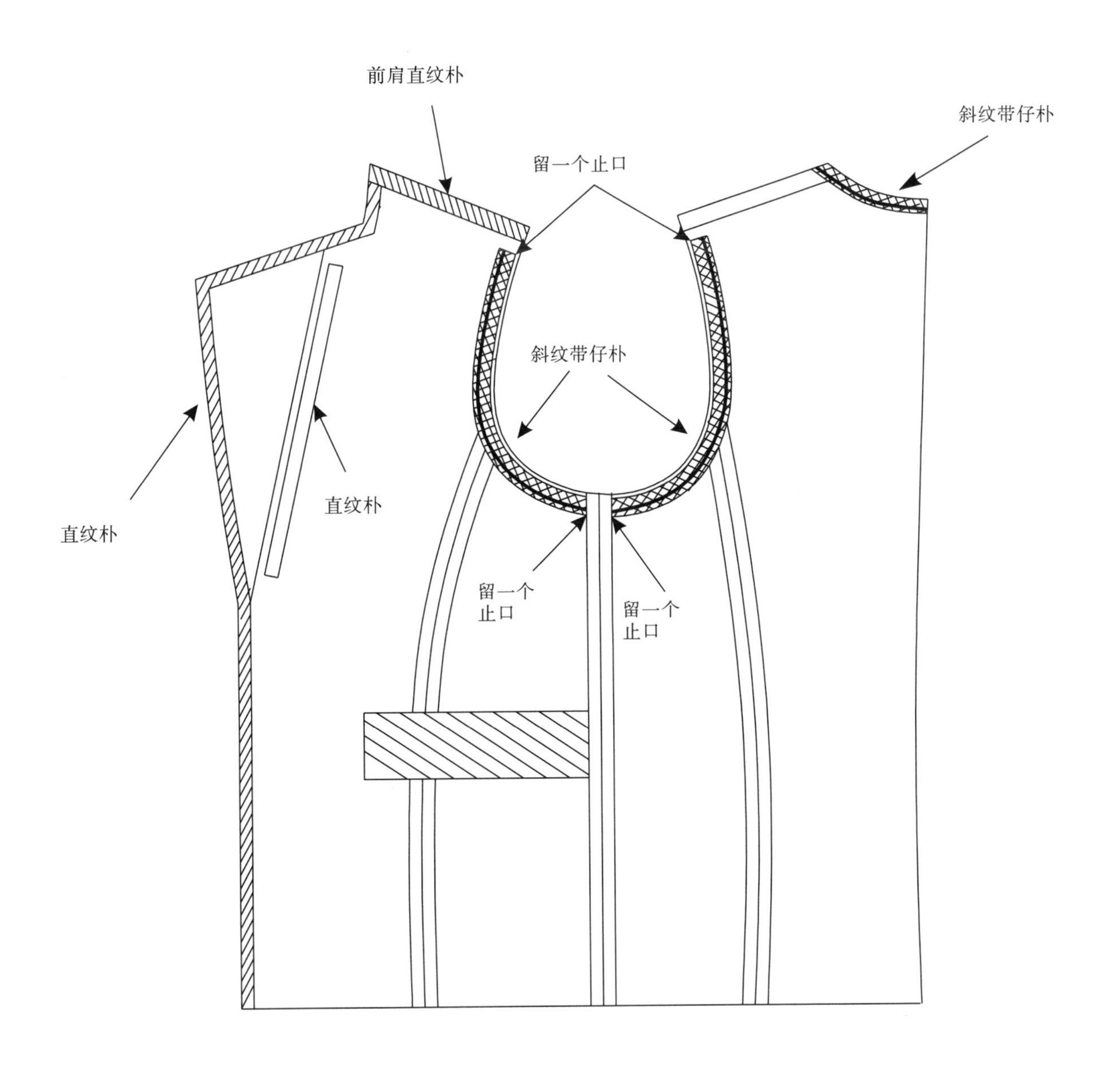

第7节 肩缝

由于人体体型的特征，合体的服装后肩部要设计肩省才能满足后肩胛骨隆起的需要，这个省道或以明省出现，或巧妙地隐藏在分割线中，更多的时候是把省处理成肩缝溶位。

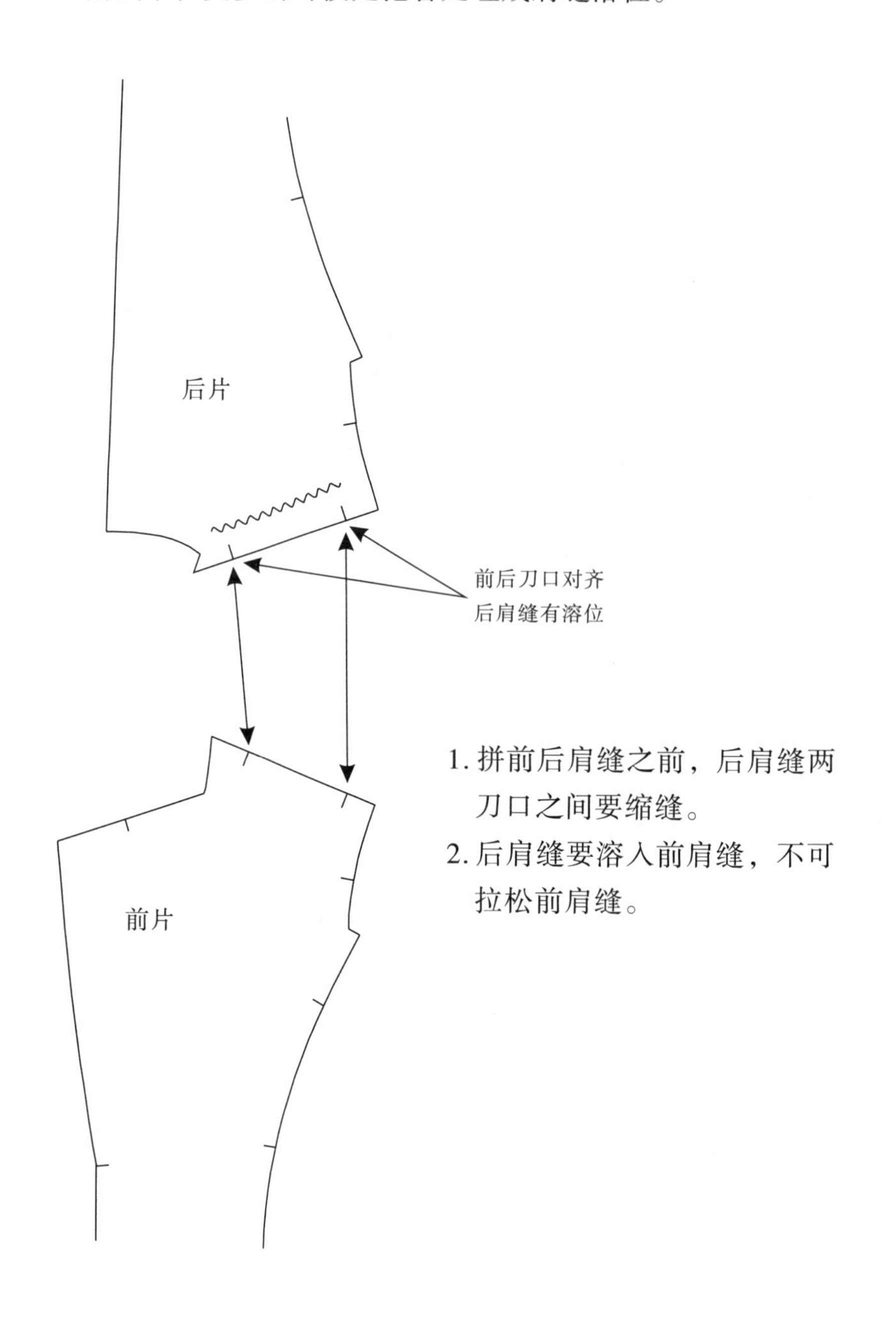

第8节　公主缝

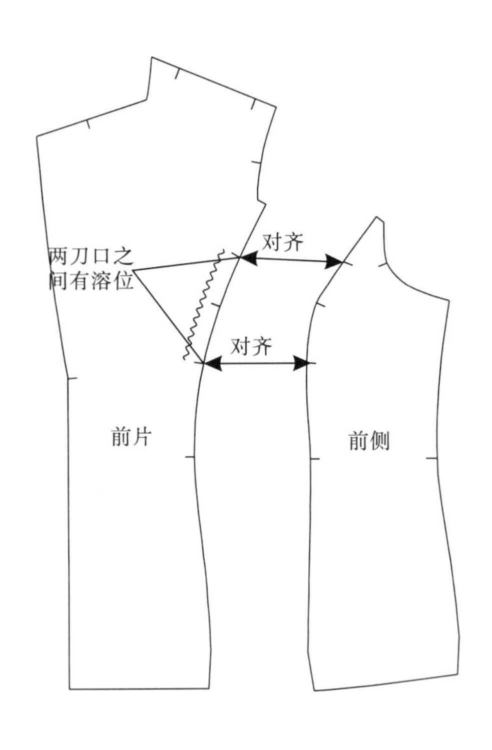

1. 拼前后公主缝之前，前后片两刀口之间要走线缩缝。
2. 前后缝要溶入侧缝，不可拉松侧缝。

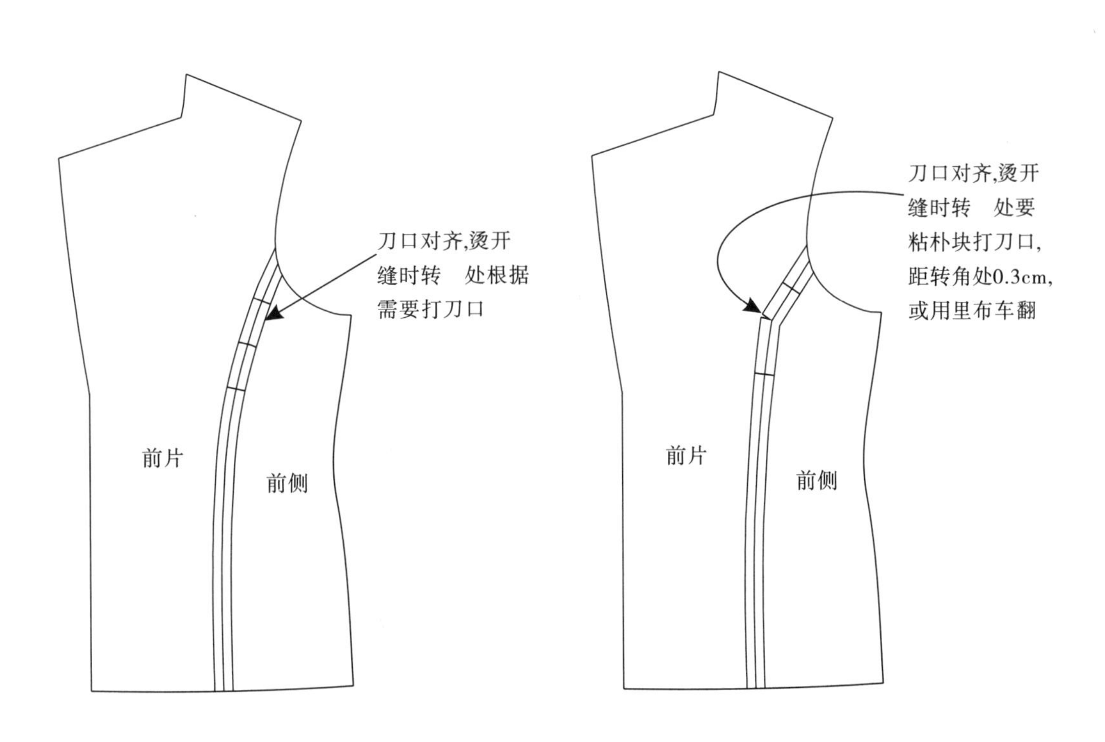

第9节　省道

在衣片任一部位通过折叠合并到另一端得以消失的V型或近于V型的部分，称之为省道。

省道大致可分为锥型省、喇叭型省、S型省、弧型省等。

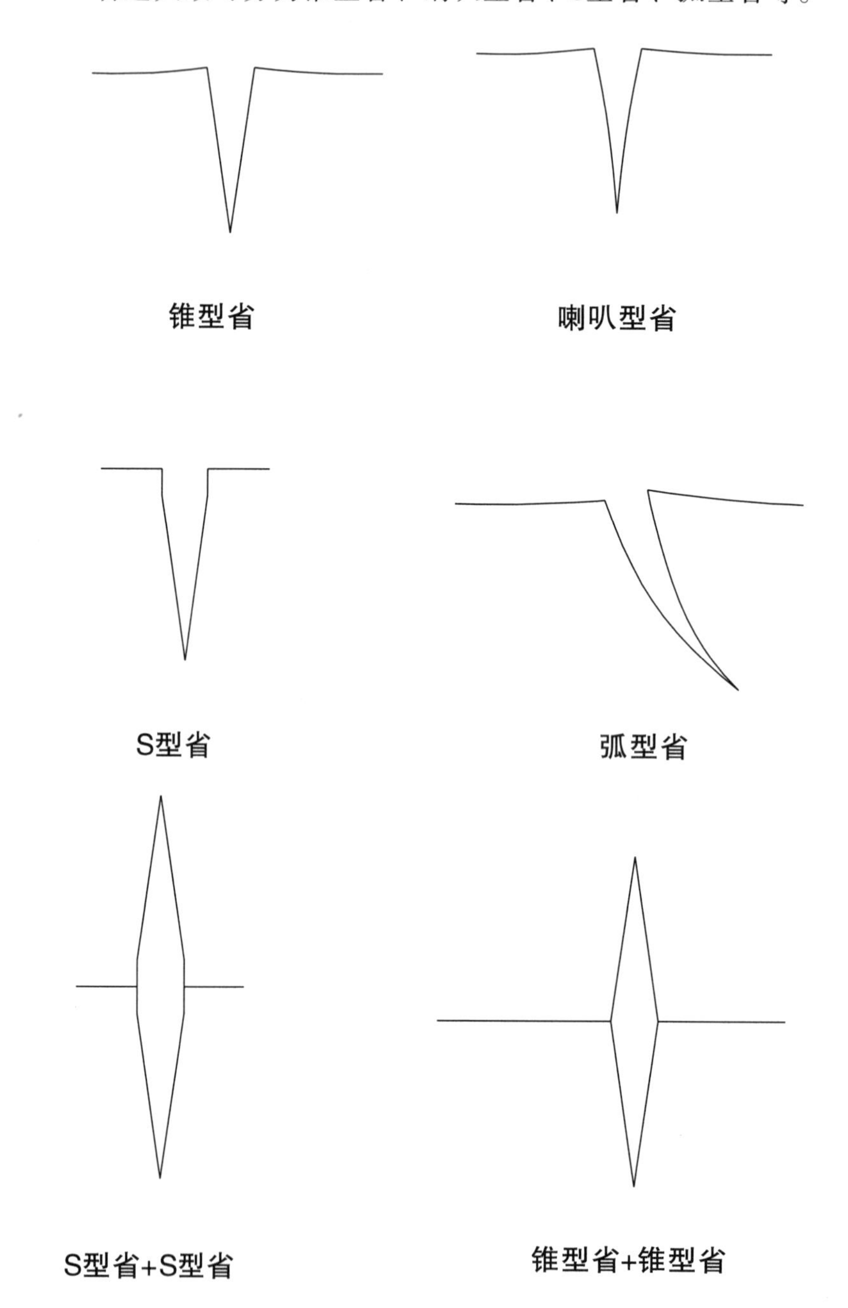

省道

单尖省

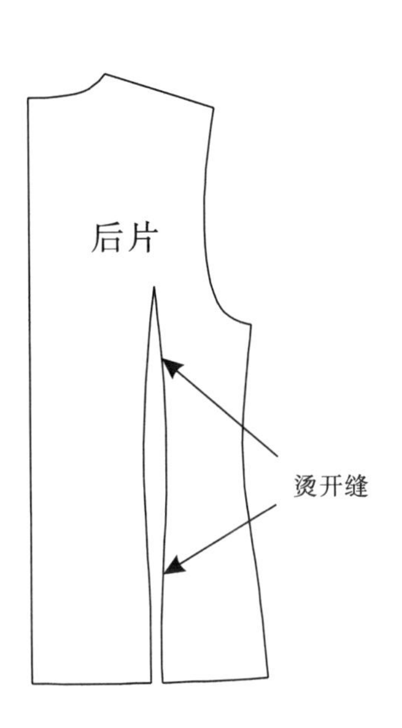

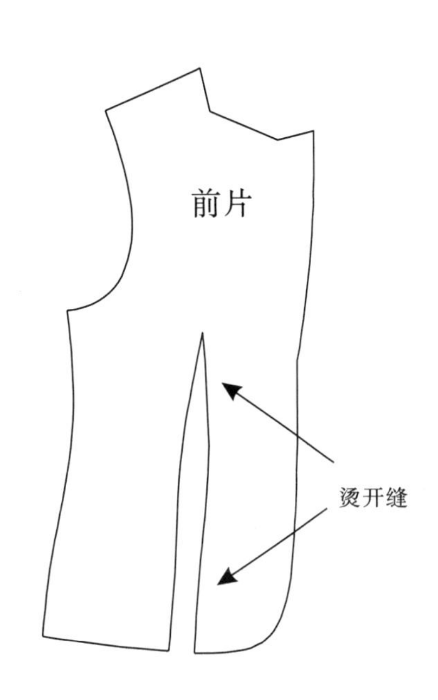

双尖省

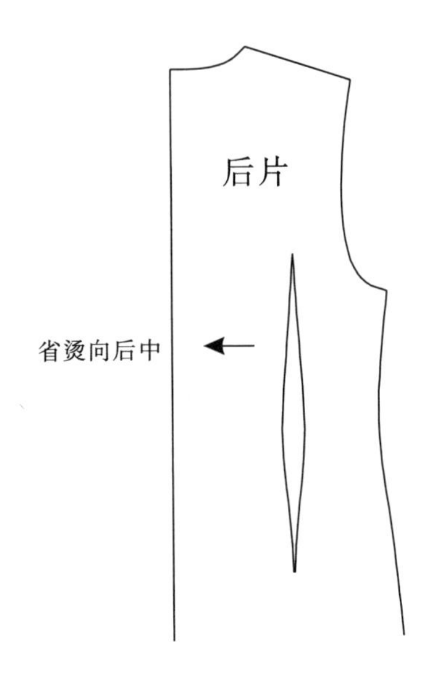

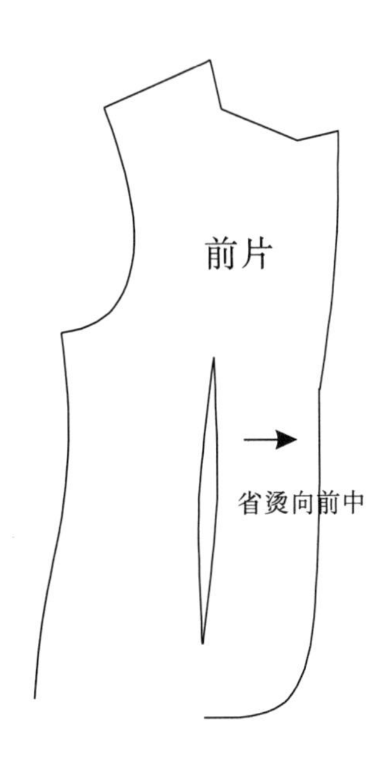

省道

领口省

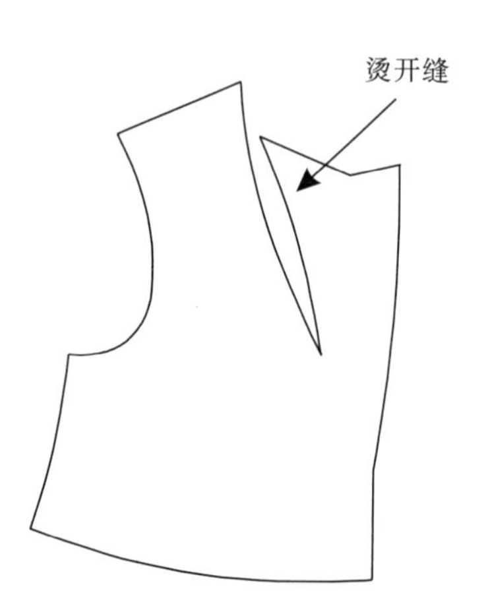

侧胸省

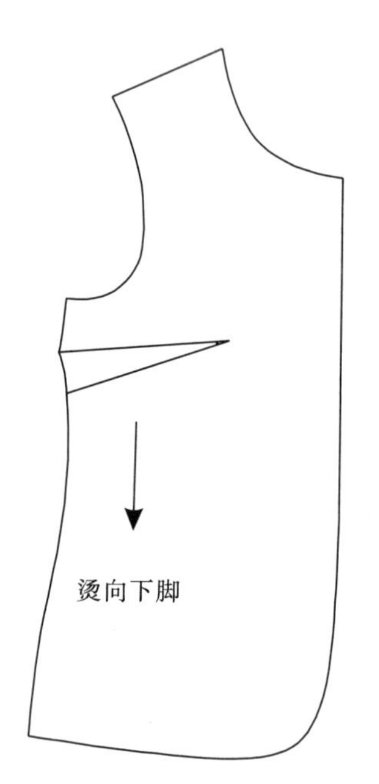

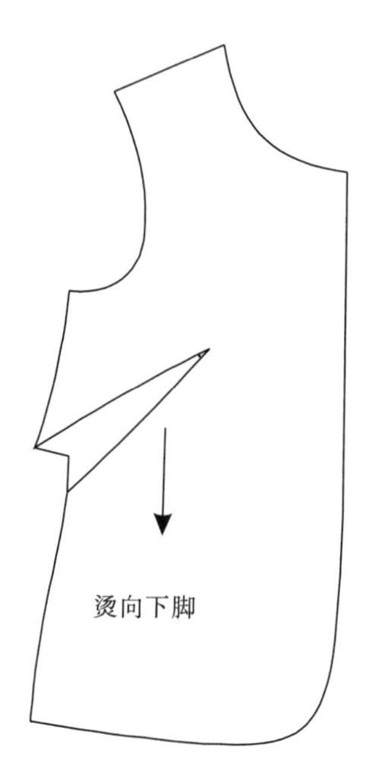

第10节 褶裥

细褶其特点是成群而分布集中，又以无明显倒向的形式出现，所以又称抽褶或缩褶。

宽褶的特点是折褶数多少不等，但分布有一定的规则，又以明显倒向的形式出现。宽褶可以组合成内工字褶、外工字褶、顺风褶、褶裥等。

褶裥

褶裥与省道一样也是女装常见的结构形式，根据褶的结构特点，基本可把它分为两类，即细褶和宽褶。

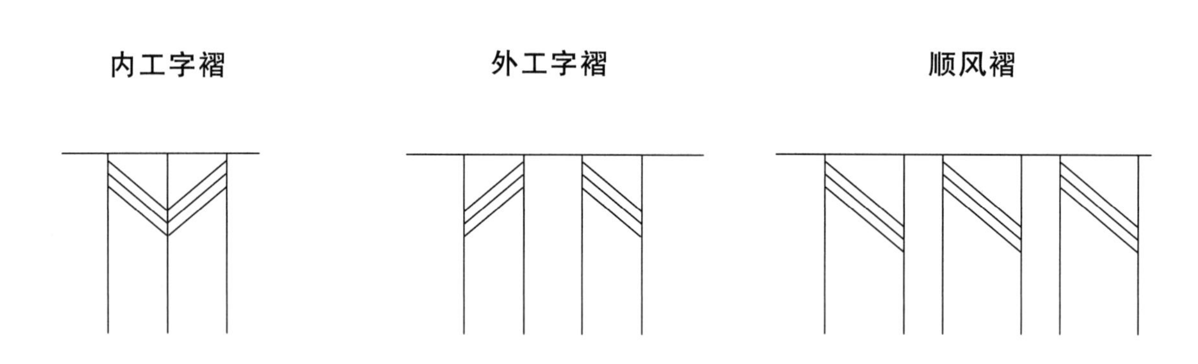

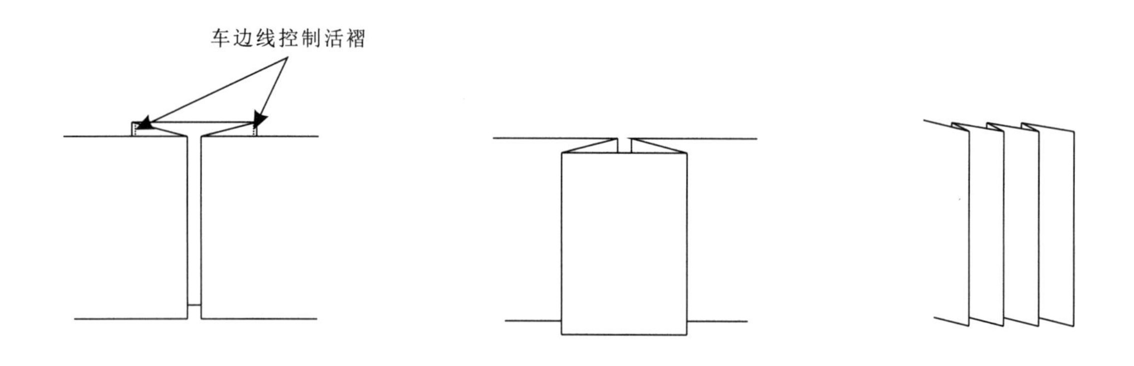

第11节　领子

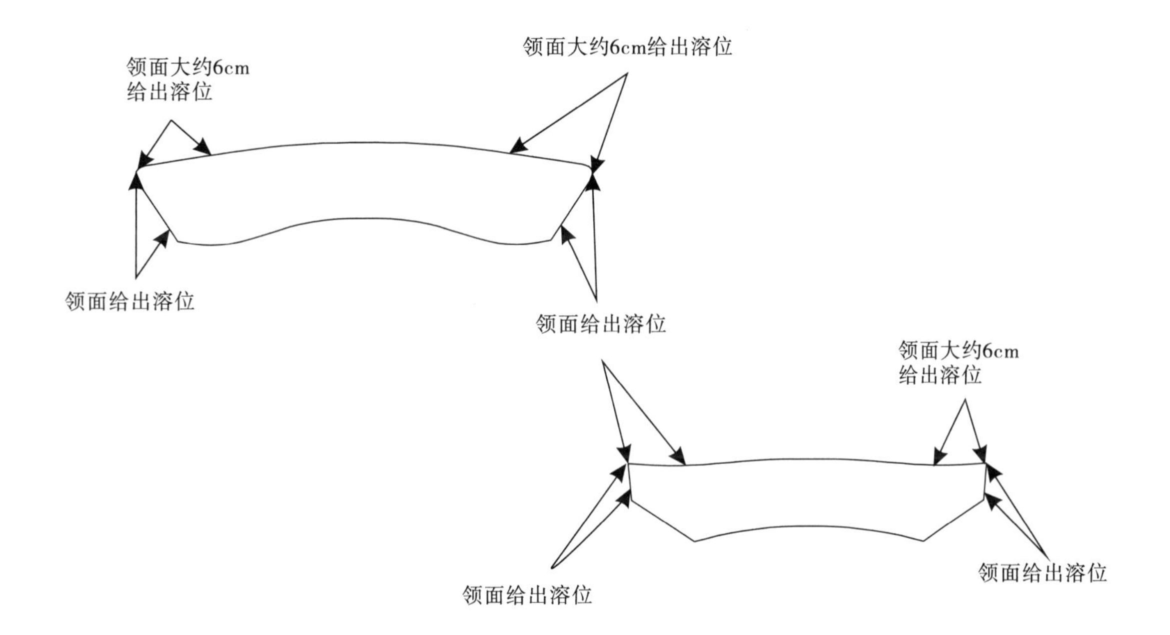

领底和领面无下级领

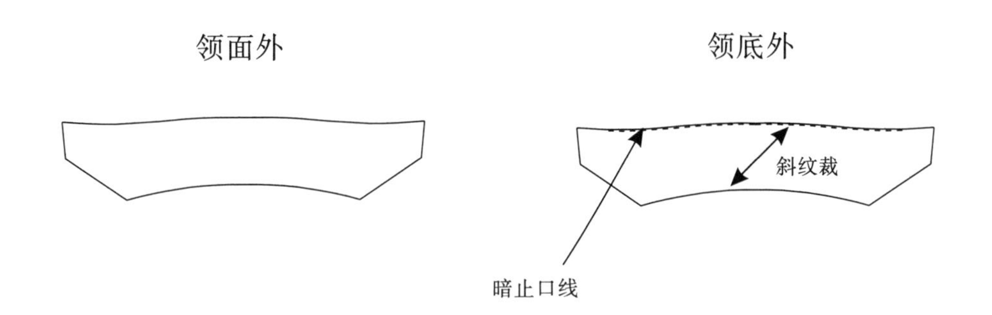

领子

领底和领面有下级领，领缝有边线

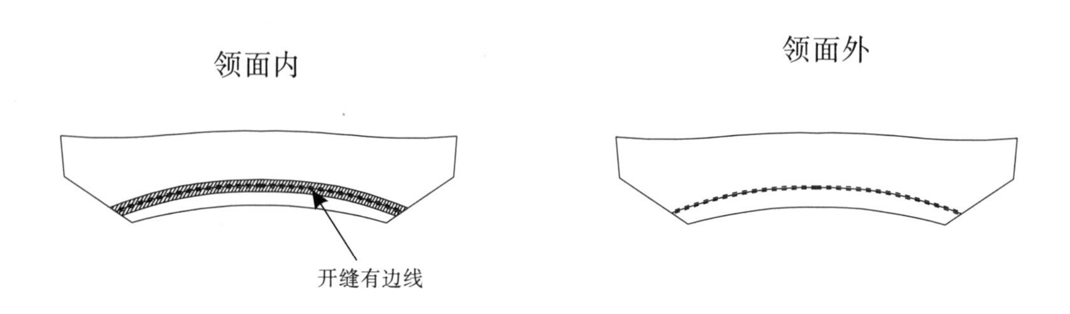

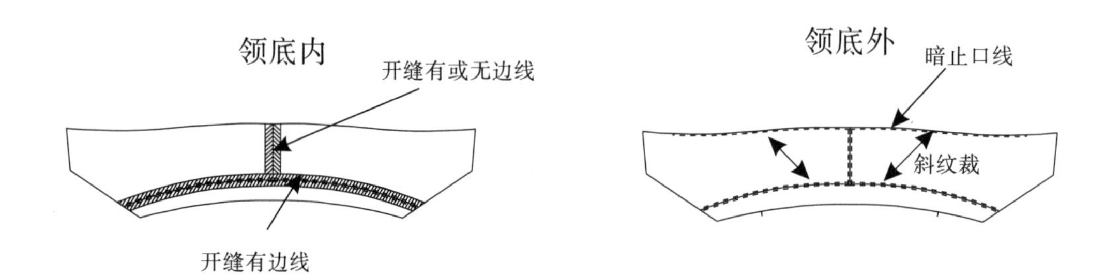

领子

领底和领面有下级领，领缝无边线

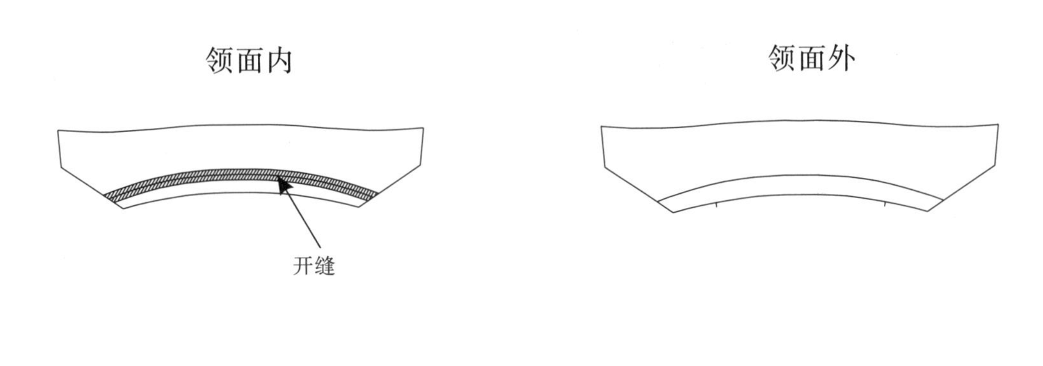

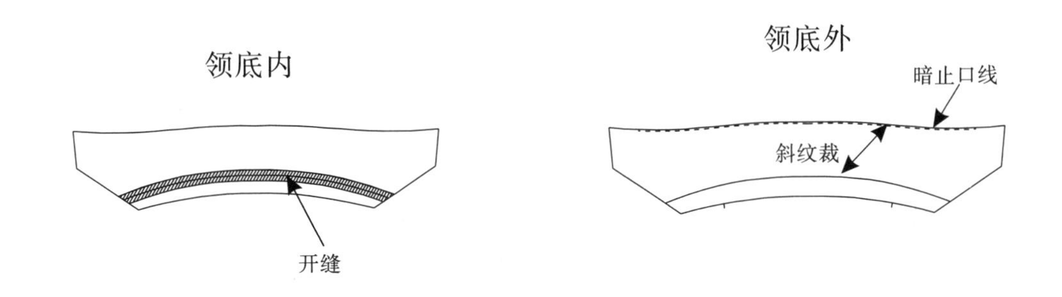

领子

大身与领底内

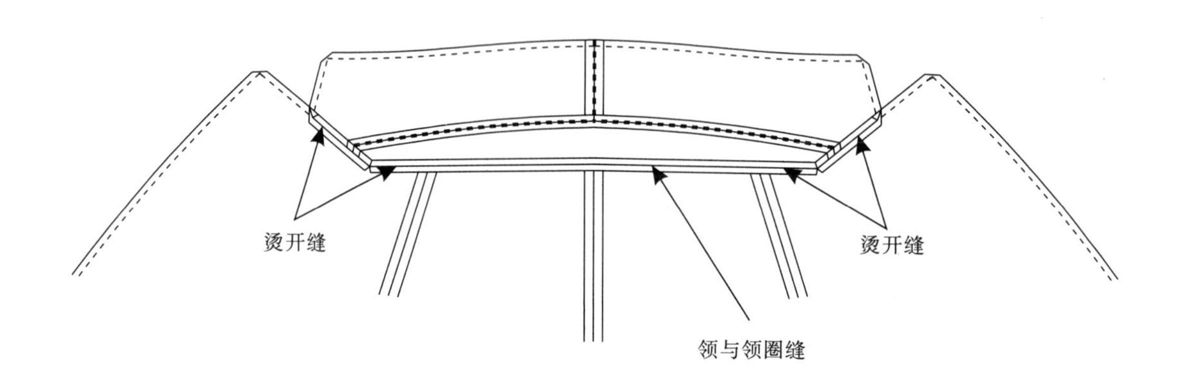

分开装完面和底后，
沿领圈止口封至肩缝
前2.5cm处。

大身与领面内

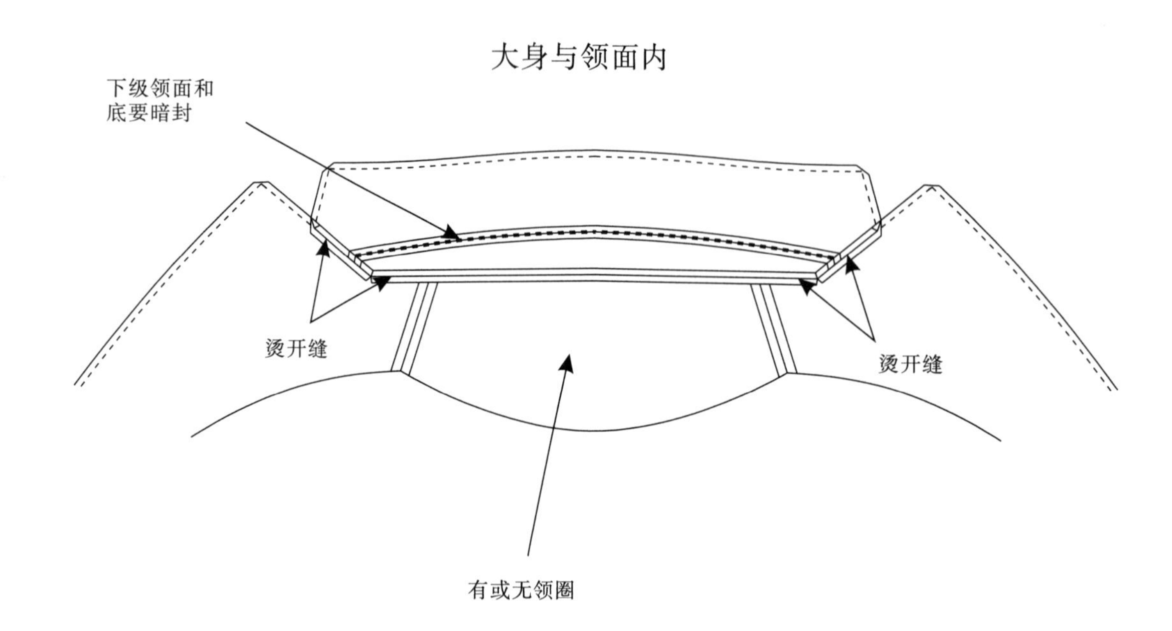

第12节　袖子

1. 袖山溶位需均匀。
2. 袖溶位疏线走线，第一条线距边0.5cm，第二条线距边0.8cm。
3. 袖山与夹圈需对刀口。

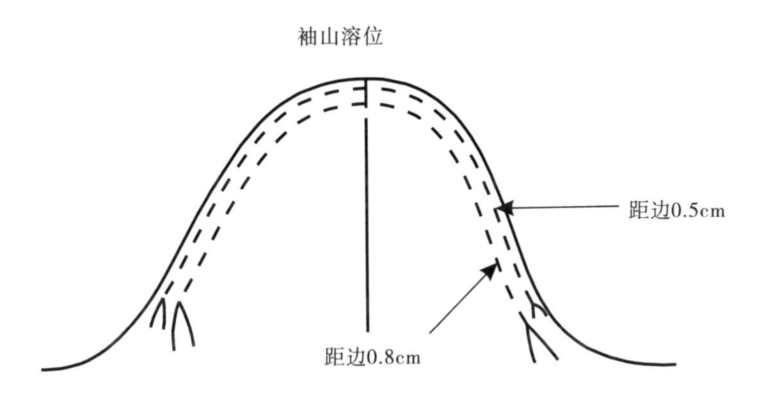

夹圈缝份一般情况烫向袖，除非有特殊要求。

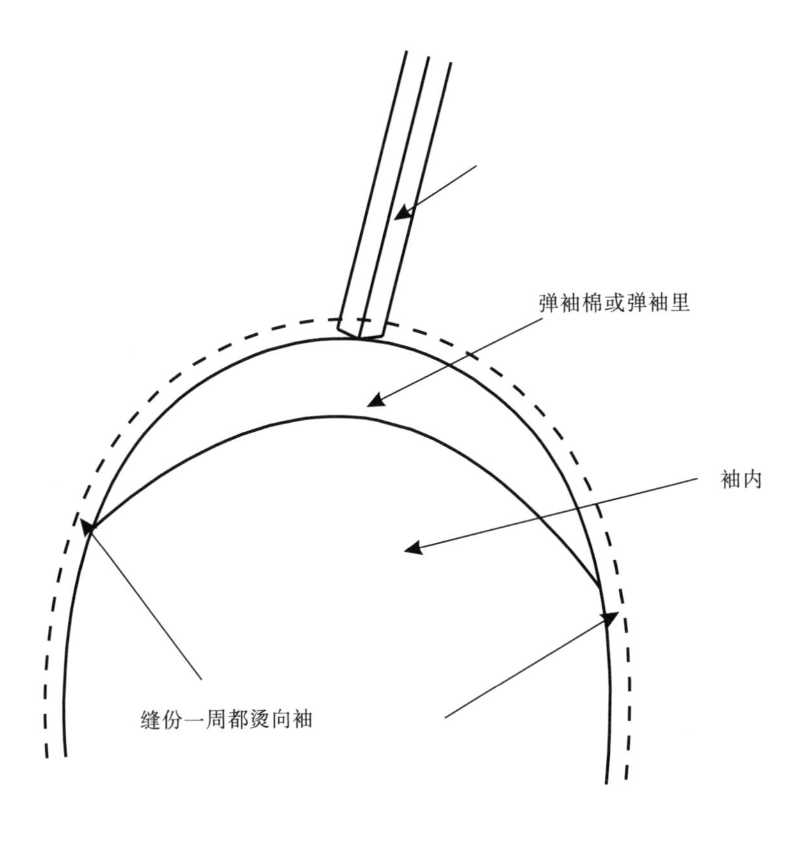

第13节 门襟

驳头门襟

前幅

前幅襟边暗止口线
至第一颗钮上4cm

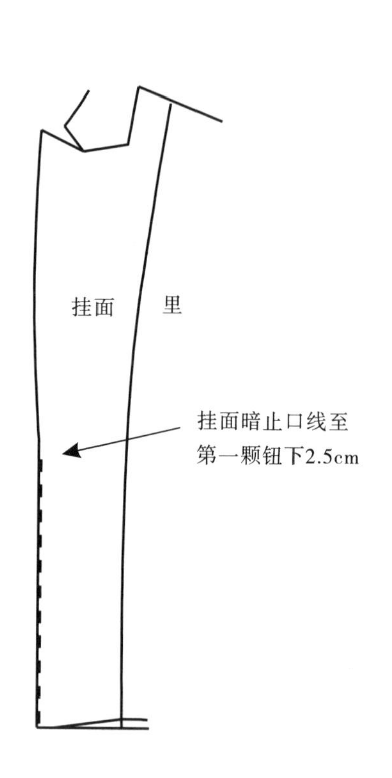

直门襟

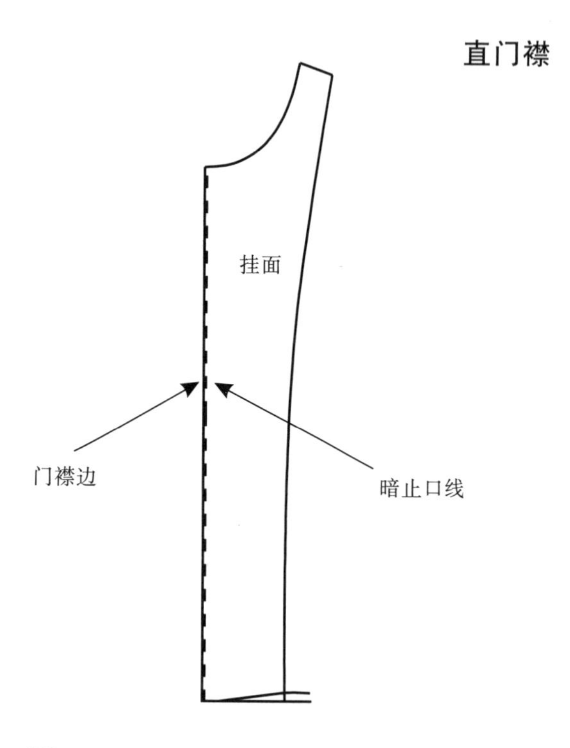

重要提示：

不管是有驳头的门襟还是直门襟，当前边车有明线就不可以车暗止口线。

第14节　后里和前脚

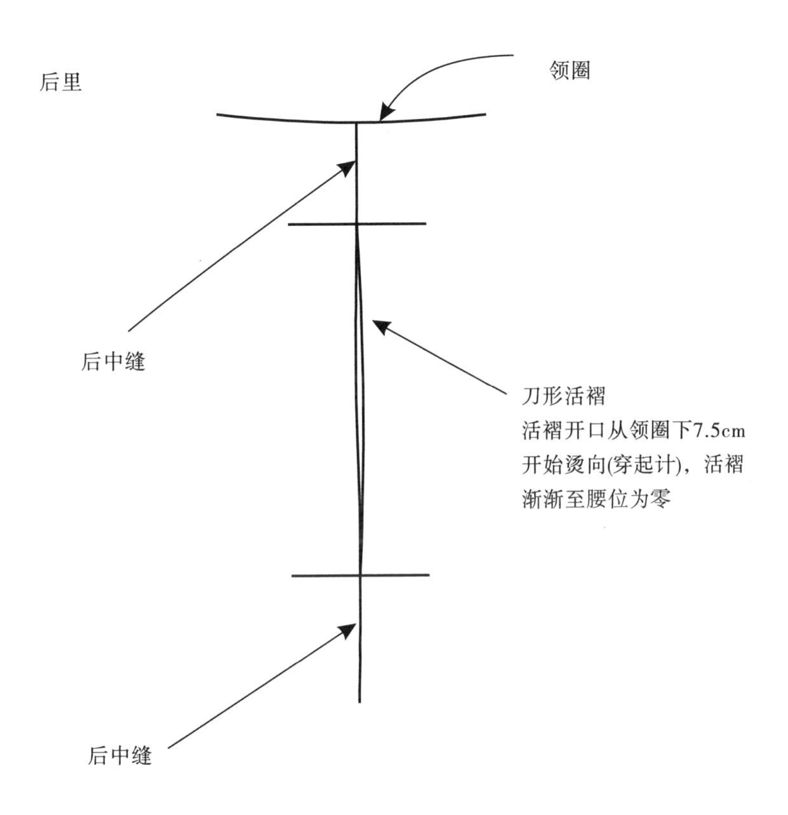

前脚与挂面风琴脚的完成

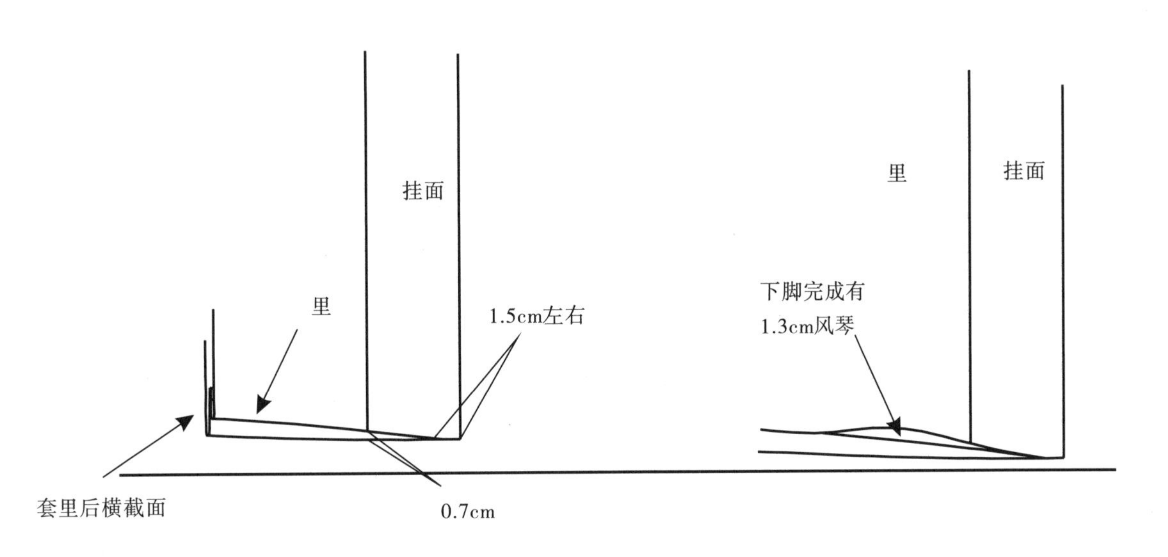

第15节　里布完成

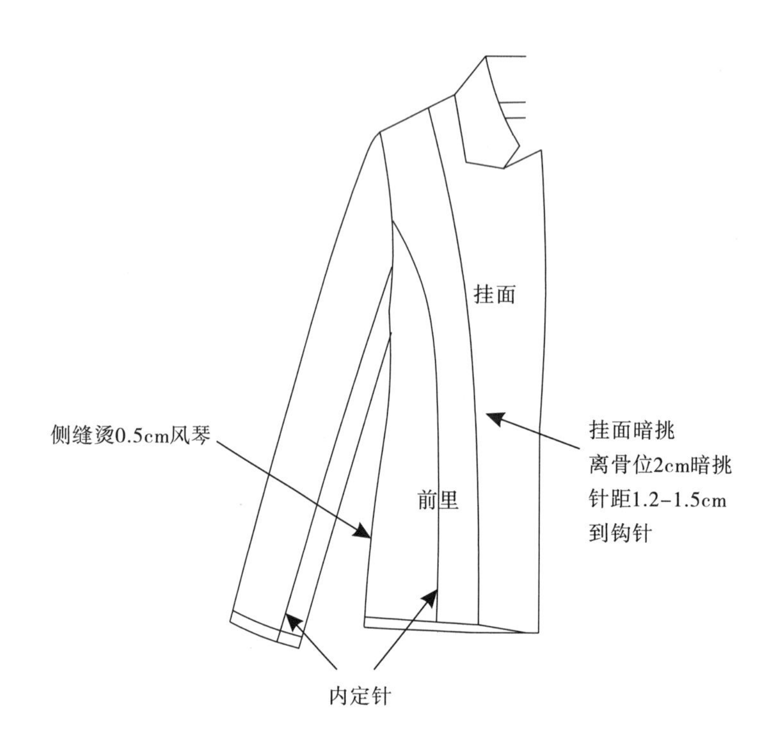
挂面
挂面暗挑
离骨位2cm暗挑
针距1.2–1.5cm
到钩针
侧缝烫0.5cm风琴
前里
内定针

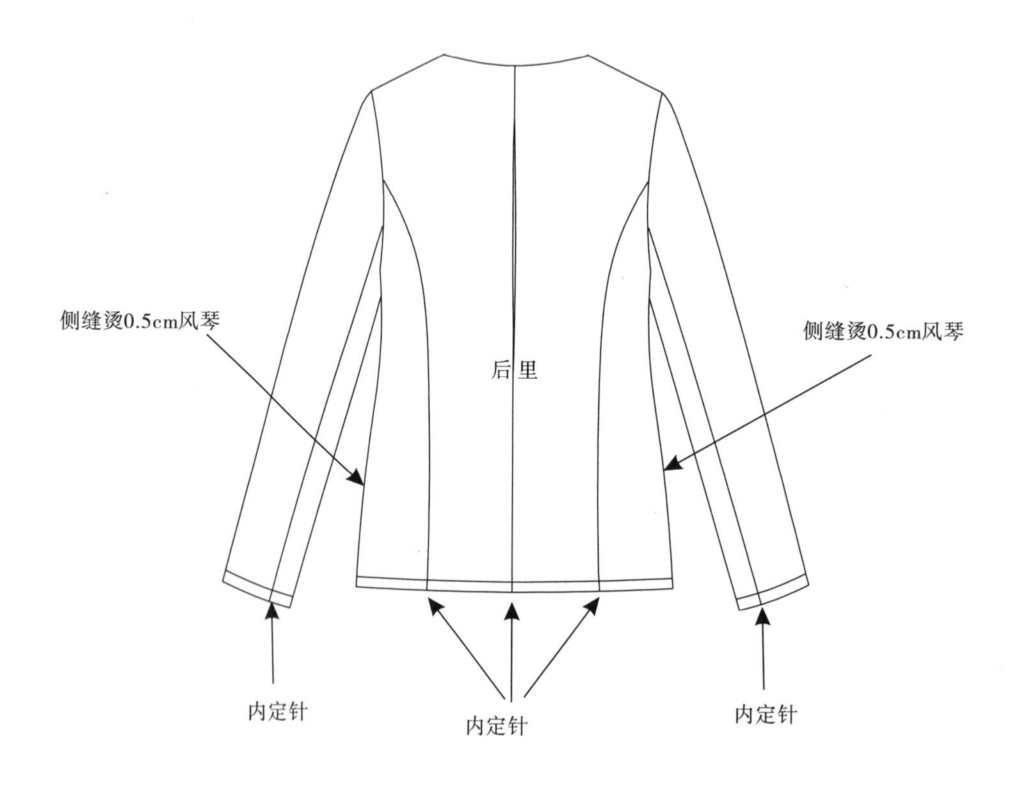
侧缝烫0.5cm风琴
后里
侧缝烫0.5cm风琴
内定针
内定针
内定针

第16节　袋完成

单唇袋或双唇袋

（有压明线或无明线）

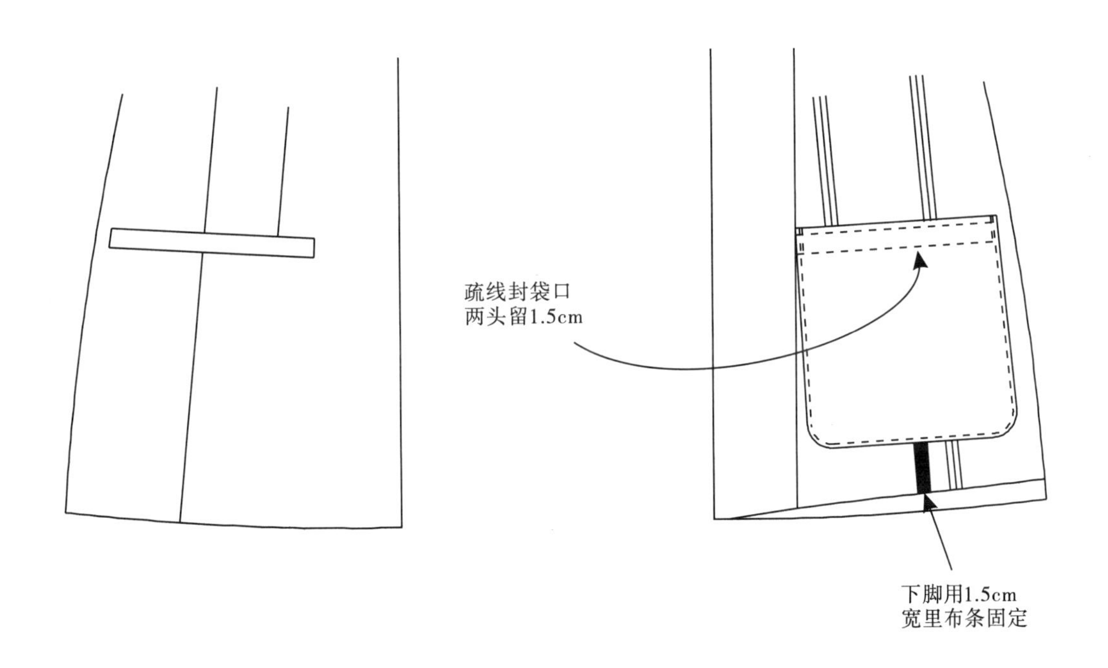

贴袋

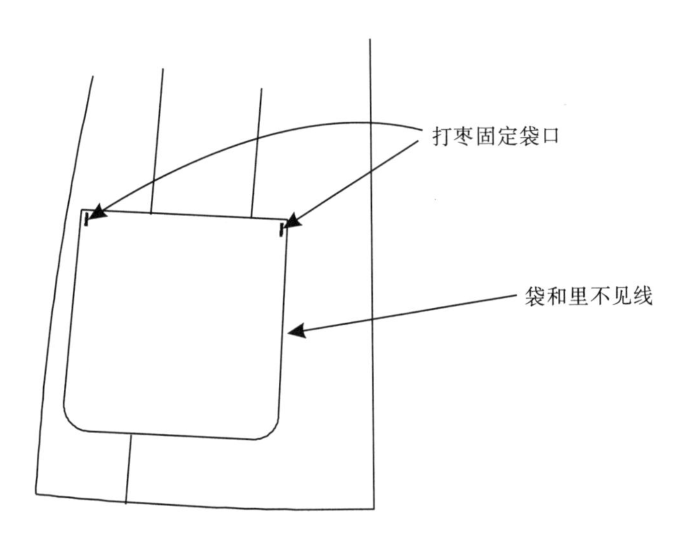

第17节　西装外套类的度法

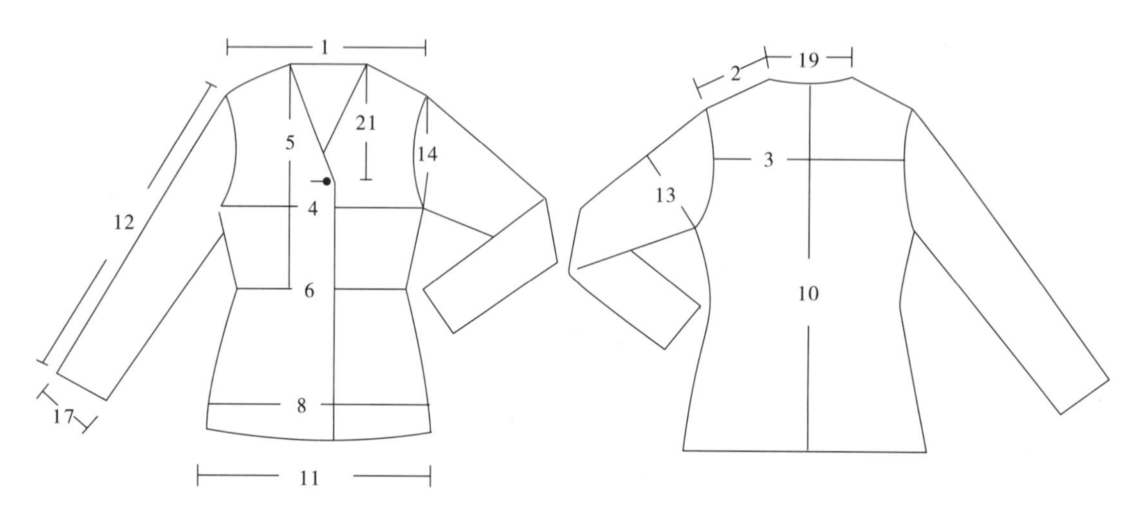

1. 肩宽	肩至肩平度
2. 小肩宽	
3. 后背宽	后领深度下12.5cm
4. 胸围	夹底折叠水平度
5. 腰长	后领深度下38cm
6. 腰围	后领深度下38cm水平度
7. 上坐围	
8. 下坐围	腰下19cm水平度
9. 前衣长	前肩点度
10. 后中长	后领深　　度下
11. 脚围	侧脚点左右水平度
12. 袖长	肩点度
13. 袖肥	夹底水平度
14. 夹位	平直度
15. 前夹圈	弯度
16. 后夹圈	弯度
17. 袖口宽	扣起计
18. 前领横	
19. 后领横	
20. 钮距	
21. 第一粒钮位	
22. 后领高	
23. 叉高	

第三章

服装常规工艺做工标准

第一章、第二章是以分解的图片多于文字的形式来介绍工艺制作方法，此章节的重点是以文字多于图片的形式来描写工艺制作方法，是对前两个章节的补充。

第1节　梭织面料类工艺要求

一、面料

1. 大货面料到仓，要及时验布、测试水缩、热缩以及色牢度；热缩率超过2%的应再次过热缩，直至达到要求，水缩率超过4%的，面料做洗水处理，水缩率在2%–4%之内的排料加放处理后方可裁剪，但在入库前成品必须水缩到位（不可水洗的面料只看干洗缩率和热缩率）。
2. 定位花面料及格子面料按要求裁剪毛片修剪，如有疑问，必须确认清楚后方可裁剪。
3. 垂感较好，纱线易走形的面料，裁剪时必须按毛样吊纱裁剪。

二、上衣

1. 纸样止口

1）领口，前门襟边，袖窿、装介英袖口止口为1cm；

2）肩缝、侧缝及后中缝止口为1cm；

3）袖缝、公主缝止口为1cm；

4）里布止口同面布止口。

2. 下脚、袖口折边宽度

1）外套下脚、袖口弧度不是很大，折边为4cm；弧度较大的折边宽度可以适当改窄或者加贴；

2）长短袖衬衣下脚、袖口共折边0.6cm，先折0.6cm，再折0.6cm车单线，如有侧衩，衩口还口折车0.6cm。

3. 粘朴位置

1）领子、挂面、后领贴粘朴（衬衣上下级领的下级领面粘朴×2，领底×1）；

2）套装上衣的前幅、前侧、后幅、后侧粘朴；

3）袖口粘朴（长袖全里套装）；

4）其他视款式而定。

梭织面料类工艺要求

4. 粘朴条位置（粘朴条距边0.3cm粘朴条）

1）肩缝:

开骨缝前肩止口粘直朴条；

合缝的前肩止口正面粘朴条，完成不可外露。

2）领口：粘朴条以纸样为标准, 不可拉大。

3）夹圈：粘朴条以纸样形状为标准，不可拉大、变形。

有里布的款式，朴条粘在止口反面；

无里布的款式，朴条粘在止口正面，完成不可外露。

5. 里布长度

1）　里里布下脚完成距下脚边2.5cm，完成圆顺；

2）下脚套死里的里布完成距面布下脚边1.5cm，里布风琴位1.5cm；

3）袖口里布距面布袖口边2cm，里布风琴位1cm;

4）夏季连衣裙的里布距下脚边2cm，特殊情况除外。

6. 拉链（一般情况下，如有特殊说明会标注）

1）连衣裙侧骨装隐形拉链的，有袖从夹下2.5cm起装，无袖则装到夹底；

2）前中装开尾拉链的，按照款式设计不同来定。如果合体，拉起拉链，则要考虑方便坐下，不鼓起；若是宽松款式，正常情况从脚上2.5cm起装，长款则根据款式需要来定。

7. 省、风琴位

1）所有点位只可用白笔或退色笔，不可用钻孔的方式；

2）所有省尖连锁线紧靠省尖打结，留尾1cm长；

3）后中有后领贴，里布后中从后领贴下起有风琴位；如后中无后领贴，里布后中从领下7cm开始有风琴位。

8. 袖窿

1）袖窿要打 (包)边的上衣，统一夹底起针打(包)边；

2）装袖要按纸样所体现的溶量装，完成止口均匀圆顺，有弹袖条的，位置要左右对称；

3）绱袖后，袖窿止口要归拢整烫平服，成品后大烫不可压烫袖面。

9. 肩棉
1）包肩棉时，完成内紧外松成自然窝势；
2）套装肩棉包捆条两端止口必须折进捆条内，完成直边顺直；
3）肩棉打(包)边后，都要整烫定型；
4）有里布且肩棉订在里布与面布中间，订肩棉时，肩缝整条订死，头尾倒钩针，肩棉顶点放松量0.5cm；袖窿处的肩棉两端距边2cm起订，头尾倒钩针，放松量0.5cm。注意：中间的线迹要稍放松，不可紧；肩棉不是订在里布与面布中间，订肩棉时，肩缝整条订死，肩缝与肩棉两头回针，肩棉顶点放松量0.5cm。

10. 各种定位方法
1）所有全里斜插袋的袋布用1.5cm宽的里布条与襟边定位，　里布或无里的袋布，斜条对折车光边(可用拉筒车)，松度1.5cm，车定位里布条在袋布从上往下2/3的位置；
2）所有挂面的肩头要与大身的肩缝平车回针定位；
3）全里上衣的肩头（松度0.8cm）、夹底（松度1.5-2cm）用里布条定位；
4）大衣的领圈止口用单边压脚靠紧定位；肩头、夹底、腰节里布条定位，松度1.5cm，衣长超过70cm的，腰节到脚边一半位置用里布条定位，松度1.5cm；
5）大衣的挂面距襟边2cm半成品手工挑边定位，注意线迹不要太紧；
6）包边的下脚、袖口手工挑边；死里下脚半成品手工挑边，前襟角位置手工补到头，下脚、袖口骨位平车回针定位；
7）　里的大衣、风衣、连衣裙等，里布脚上3cm处拉线耳面里定位，松度3cm。

三、裙、裤装

1. 止口
1）裙身、裤身的腰头止口1cm；
2）前后浪止口为1cm；
3）侧骨、裙前后中止口为1cm；
4）里布止口与面布止口一样；
5）里布止口、特薄面料合缝打边，其余面料分缝打边或按具体要求缝制。

2. 一般情况下，面布斜裁，里布也必须斜裁。

3. 裙、裤前腰省
按实样收弧形省。

4. 下脚折边
1）裤子下脚折边宽4cm；
2）裙子下脚折边宽4cm，弧度大的根据弧度大小调整折边宽度；
3）里布下脚完成1.25cm（还口1.25cm折边1.25cm），里布长度根据款式及面料特性，适当加长，半成品修剪后再车脚边。

5. 粘朴位（裙、裤子的腰头粘朴）
1）前中装拉链的门襟、底襟粘朴；
2）弯腰头的腰贴粘朴，有腰面的，腰面也粘朴；
3）裙身开衩位的折边粘朴，裤子视具体情况而定；
4）所有弯腰贴的腰口位置都要落里布条，防止腰头被拉大变形。

6. 腰 头
1）一般直腰高4cm，打裤钩距边1cm，封腰头时要把腰里带紧，完成往里扣紧；紧靠裤钩打0.6cm枣位；
2）一般弯腰高3.2—4cm；
3）装隐形拉链至腰顶的，腰顶留0.6cm订乌蝇钩。

7. 拉链
1）前中装单股拉链的必须到坐围位置，右前幅止口完成距拉链齿边0.2cm，左门襟压线宽3cm宽，不可宽窄不一；
2）隐形拉链尾用捆条包尾与面布定位，拉链位里布开口比拉链头下1.3cm，面布下面拉链留尾2.5cm。

8. 里布长度

1）裤子的里布长度盖过下脚折边1.3cm；

2）裙子的里布长度盖过下脚折边1.3cm。

9. 定位方法

1）有里裤子的浪底用宽1cm的里布条定位，完成松度2cm；

2）有里裤子的下脚内外侧缝拉线耳定位，完成长3cm，位于里布脚上3cm；

3）裙子下脚的侧缝拉线耳定位，完成长3cm，位于里布脚上3cm；

4）裙子做叠衩的衩脚，手工做十字架定位。

10. 重叠线

裤子的后中缝车来回两次重叠线。

11. 搭位

1）前中装单股拉链的，底端搭位0.3cm，上端搭位0.5cm；

2）裙子开叠衩的搭位为3.5cm。

第2节　针织面料类工艺要求

一、织片

1. 大货织片到仓，要及时检验尺寸、色差、疵点，测试水缩、热缩以及色牢度。定位花面料及格子面料按要求裁剪毛片修剪，如有疑问，必须确认清楚后方可裁剪；
2. 大货新纱线到仓，要及时验纱，通知生产部织一块50cm×70cm，测试水缩、色牢度，测试后确定纱线性能方可大货生产；
3. 每件织片要求同一个缸号的纱线（避免染色误差），裁剪时要注意每一件衣服的织片不可有色差；
4. 外发织片检验合格，中烫归整烫平后平车沿纱线片定位一周（0.1cm止口）；
5. 车线定位完成后，织片需经高温定型机高温定型，待冷却后方可叠平放置；
6. 高温定型后纱线片最少放置24小时以上方可开刀裁剪；
7. 整件裁剪时面布不可打刀口，刀口用退色笔点位。

二、上衣类

1. 纸样止口（止口打边）

1）领口、门襟、袖窿止口为1cm；各缝盘止口0.5cm；

2）肩缝、侧缝、袖缝、公主缝止口为0.7cm；

3）里布肩缝、侧缝、前后公主缝1cm，下脚2cm。

2. 下脚、袖口折边宽度

1）外套下脚，袖口折边为2.5cm；

2）里布下脚止口2cm；要求还口折车完成后1cm(活里里布)；

3）下脚、袖口缝盘止口0.5cm。

3. 落朴位置

1）领子、挂面落朴；

2）后领贴、后担干位落朴，其他视款式而定。

4. 落朴条、伸缩带位置（朴条、伸缩带距边0.3cm）
1）拼合肩缝车透明橡筋，夹圈止口车透明橡筋后装袖、打边；
2）领口依据款式不同落朴条或透明橡筋，须留出缝盘止口；
3）落朴条均以纸样为标准,尺寸不可拉大，形状不可变形。

5. 里布长度
1）活里里布下脚完成距下脚边1cm，完成圆顺；
2）袖口里布完成距面布袖口边2cm。

6. 拉链
外套前中装盖齿拉链的，一般从脚上2.5cm起装。

7. 省、风琴位
1）所有点位只可用白笔或退色笔，不可用钻孔的方式；
2）所有省尖连锁线紧靠省尖打结，留尾1cm长(有弹面料用弹力线车缝)。

8. 袖窿
1）袖窿要打边的上衣，统一从后肩下3cm起针打边；
2）袖子无里的夹圈止口统一修成0.8cm止口，按常规打(包)边；
3）装袖要按纸样所体现的溶量装，完成止口均匀圆顺，位置要左右对称；
4）绱袖后，袖窿止口要归拢整烫平服，成品后大烫不可压烫袖面。

9. 肩棉
1）包肩棉时，完成内紧外松成窝势；
2）套装肩棉包捆条两端止口必须折进捆条内，完成直边顺直；
3）肩棉打包边后或捆边后，都要整烫定型；
4）有里布且肩棉订在里布与面布中间，订肩棉时，肩缝整条订死，头尾倒钩针，肩棉顶点放松量0.5cm；袖窿处的肩棉两端距边2cm起订，头尾倒钩针，放松量0.5cm。注意：中间的线迹要稍放松，不可紧；肩棉不是订在里布与面布中间，订肩棉时，肩缝整条订死，肩缝与肩棉两头回针，肩棉顶点放松量0.5cm。

10. 各种定位方法

1）所有全里贴袋的袋盖完成后0.5cm止口，手工暗线三角针迹挑边；

2）所有挂面的肩头要与大身的肩缝平车回针定位；

3）全里上衣夹底用里布条定位，松度1.5-2cm；

4）领圈止口用单边压脚靠紧定位；

5）捆边的下脚、袖口手工挑边；

6）活里的外套、半裙、连衣裙等，里布脚上3cm处拉线耳面里定位，松度3cm。

11. 唛头

1）车订主唛止口0.1cm;

2）尺码唛折起完全重叠，完成外露1.3cm;

3）车订主唛到位但不过头，回针或叠针只可三针；

4）车订主唛时统一从左上角开始起针。

三、裙、裤装类

1. 止口

1）裙身、裤身的腰头缝盘止口0.5cm;

2）前后浪、侧缝止口为0.8cm;

3）里布侧缝1cm；腰口1cm；下脚2.5cm;

4）面里止口一般均三线打边或按具体要求缝制；

5）一般情况下，面布斜裁，里布也必须斜裁；

6）裙、裤前腰省按实样收弧形省。

2. 下脚折边

1）裤子下脚折边宽2.5cm;

2）裙子下脚折边宽2.5cm;

3）里布下脚完成1.25cm(还口1.25cm折边1.25cm)，里布长度根据款式及面料特性，适当加长，半成品修剪后再车脚边。

针织面料类工艺要求

3. 腰头

1）一般腰高3cm、5cm，如有橡筋，橡筋须事先缩水；

2）装隐形拉链至腰顶的，腰顶留0.6cm订乌蝇钩。

4. 拉链

1）前中装单股拉链的必须到坐围位置，右前幅止口完成距拉链齿边0.2cm，左门襟压线宽3cm，不可宽窄不一；

2）隐形拉链尾用捆条包尾与面布定位，拉链位里布开口比拉链头下1.3cm，面布下面拉链留尾2.5cm长。

5. 里布长度

1）裤子的里布长度盖过下脚折边1.3cm；

2）裙子的里布长度盖过下脚折边1.3cm。

6. 定位方法

1）有里裤子的浪底用宽1cm的里布条定位，完成松度2cm；

2）有里裤子的下脚内外侧缝拉线耳定位，完成长5cm，位于里布脚上3cm；

3）裙子下脚的侧缝拉线耳定位, 半裙完成长3cm，连衣裙完成长5cm，位于里布脚上3cm。

7. 重叠线

裤子的前后浪车来回两次重叠线。

8. 唛头

1）主唛、尺码唛对折车订，依次紧靠洗水唛；

2）洗水唛对折车订左侧腰下1cm处；

3）左右侧骨腰下侧缝处夹装挂耳，如侧缝有隐形拉链，距边0.5cm夹装（完成计9cm）。

第3节 缝线与针型使用标准

一、缝线使用标准

支别	线号	适用范围
60/2	180	薄布料——丝绢布、尼龙布、针织布、合成纤维布料制品。
50/2	140	一般薄料服装、时装、恤衫、裙、童装、工服、校服、运动服、衬衫、睡衣袍、风褛、T恤、内衣裤、泳衣、帽、帕、领带、肩棉、打边等。
80/3		
40/2	120	厚至中厚布料——斜纹布、灯芯绒布、防水布制品；厚料服装、西裤、裙、套装、夹克衫、雪褛、皮衣、卡其、雨衣、毛衫、针织、手套等。
60/3	120	
40/3	75	
20/2(604)	50	较厚布料——牛仔布、帆布、皮革制品；较厚服装、牛仔裤、手袋、鞋面、银包、旅行袋、皮手套、帐篷、布帘、椅套、皮箱、皮具、钮门等。
20/3(603)	30	
12/3	T22	
20/9	T10	主要用于风眼线芯。
弹力线		主要用于弹力面料的车缝、收省、打密边。

支别	线号	用法	针距
60/2	180	车缝、明线	13针/3cm
		打边	16针/3cm
50/2、803	140	车缝、明线	11针/3cm
		打边	16针/3cm
40/2	120	打边	16针/3cm
		车缝、明线	13针/3cm
60/3	120	打边	16针/3cm
		车缝、明线	13针/3cm
40/3	75	明线	13针/3cm
20/2(604)	50	明线	13针/3cm
20#、30#、40#丝光线		明线	10针/3cm
60#、80#丝光线		明线	12针/3cm
针织毛线		打边	15针/3cm
弹力线		打边	20针/3cm

缝线与针型使用标准

二、针型使用标准

面　料　种　类	机针型号
真丝、雪纺、薄纱布、薄绸等；	7#
较厚雪纺、棉泡泡纱、网眼织物、较薄梭织面料等；	9#
纱线织片、常规梭织面料等；	11#
各种被单布、粗布、斜纹、薄质呢绒、厚料布等。	14#

第4节　裁剪工艺标准

一、对条、对格标准

1. 仅有直条纹的面料

1）上衣：前幅、后幅、袖子、领子、挂面左右对称，如有口袋、袋盖与大身对条；

2）裤子：前幅、后幅左右对称，前中、后中完成“人”字纹，如有口袋、袋盖等要与大身对条，腰头的条纹要居中或按要求斜裁等；

3）裙子：后中条纹左右对称（或完成整条），腰头的条纹要居中或按要求斜裁等；

4）条纹有方向的，完成后要求条纹还原。

2. 仅有横条纹的面料

1）上衣：前幅、后幅、袖子、领子、挂面左右对称，侧骨前后对横条，以侧骨脚边为起点；袖子与大身对条（袖窿1/2以上部份不对），如有口袋、袋盖等要与大身对条，收腰省对条，如果是公主缝的情况，腰围线以上部分可以不对条，但完成左右对称；

2）裤子：前幅、后幅左右对称，侧骨前后对条，门襟贴与大身对条，如有口袋、袋盖等要与大身对条，收腰省对条；

3）裙子：前幅、后幅对横条，收腰省对条，如有口袋、袋盖与大身对条。

3. 既有直条纹也有横条纹的面料

不管上衣还是裙裤，以上两种面料的要求都要做到。

4. 特殊款式视具体情况决定。

二、点位标准

上下装凡是有袋位或其他需要点位完成的工艺，白色蜡笔点位，白点不能漏在外边，需按以下规定要求操作：

1. 面布、里布有贴袋的，在实样板上钻孔，扫粉完成，距样板边0.3cm处钻孔。如图1所示。

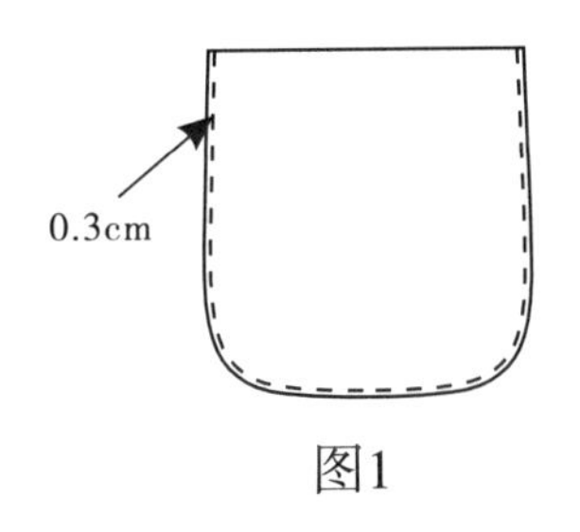

图1

2. 开暗袋，点位按实际尺寸，两边各减小0.3cm处点位，装开线条车过点位位置2–3针盖住点位，如图2所示。

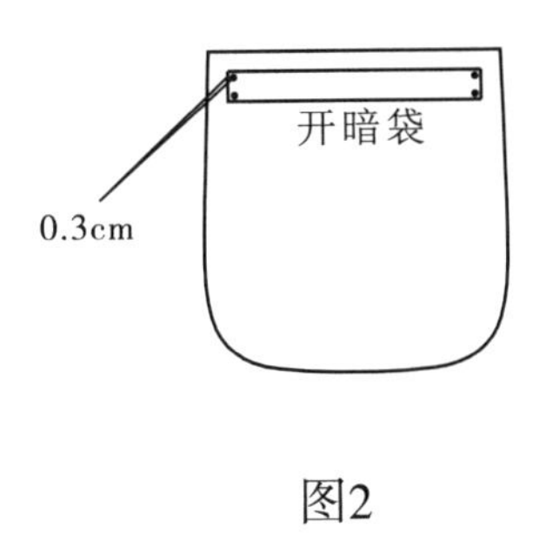

图2

3. 有袋盖的点位，按实际尺寸，两边各减小0.3cm处点位，装袋盖时盖住点位，如图3所示。

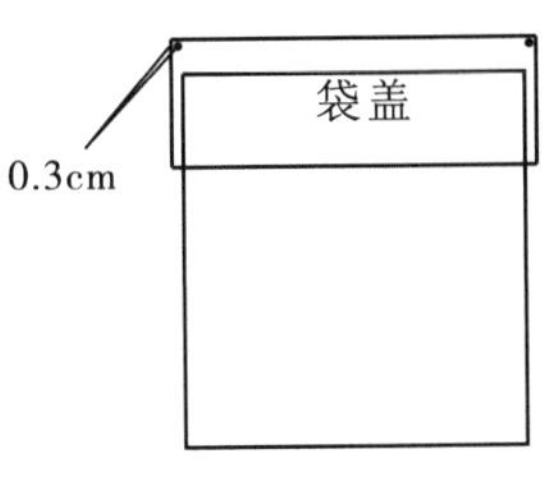

图3

第5节 粘朴条工艺标准

通常情况下粘朴条要距止口边0.3cm开始粘，如无特殊要求，朴条应与所粘部位松紧度一致。一般裙、裤弧形腰口、月亮袋口和上衣肩缝、领圈、夹圈、门襟、侧骨袋口位要落朴条。当然，要看具体情况来处理，特别是上衣，有里和没里粘朴条都应分别视具体情况来具体处理。

1. 有里上衣：肩缝、领圈、袖笼、门襟、翻驳线、侧骨袋口位止口底层落直纹朴条，距止口边0.3cm开始粘，朴条1cm宽，袖笼夹底弧形位落朴条时要打两个刀口，刀口间距2.5cm，不可强行将朴条拉成弧形，否则，容易将袖笼拉变形。

2. 无里(梭织)上衣：肩缝(合缝)、领圈、袖笼、前后公主缝(合缝)弧形部位、侧骨袋口位止口面层落直纹朴条，距止口边0.2cm开始粘，朴条0.6cm宽，袖笼夹底弧形位落朴条时也要打两个刀口，刀口间距2.5cm，不可强行将朴条拉成弧形，否则，容易将袖笼拉变形；肩缝、前后公主缝开缝时，肩缝朴条落在前肩止口底层，前后公主缝弧形部位按纸样走线。

3. 春夏装针织上衣：袖笼止口面层落斜纹朴条，距止口边0.2cm开始粘，朴条0.6cm宽；领圈按纸样走线。

上衣后脚、袖口粘朴标准

有无里布的后脚、袖口粘朴标准(同样适用于面料比较松散，止口容易散边的情况)：脚边内折4cm，从脚口毛边开始粘5cm宽的朴，如图4、图5所示。

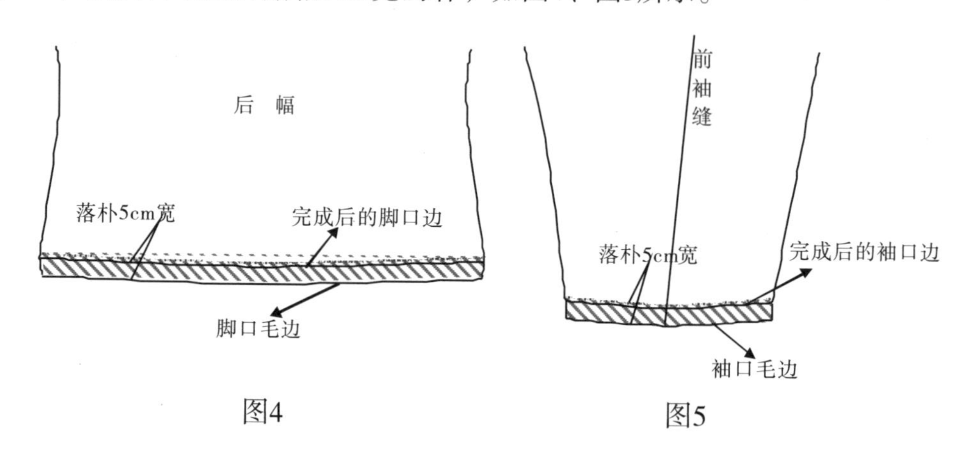

图4　图5

第6节　缝制工艺标准

打边线、双针及明线的标准

1. 打边线

如无特殊要求，三线、四线的针距：14针/3cm，底面线松紧要一致，三线打边完成0.4cm宽，四线打边完成0.5cm宽。

2. 明线

1）如明线用粗线，如无特殊要求，针距：10针/3cm，底面线松紧要一致，中途不可驳线，只可将线头尾拉到反面或止口内打结，所有明线绝对不可底线过面、浮线；

2）如明线用细线，如无特殊要求，针距：12针/3cm，底面线松紧适度，如用配色线，尾允许倒针3针，并要重叠，显眼处不允许驳线，如用撞色线，只可将线头尾拉到面或止口内打结，中途不可驳线，所有明线绝对不可底线过面、浮线；

3）明线如果是1/4"（0.6cm）双线，是指线到线之间的间距是0.6cm宽，如图6所示；明线如果是1/4"（0.6cm）单线，是指线到止口边之间的距离是0.6cm宽，如图7所示。

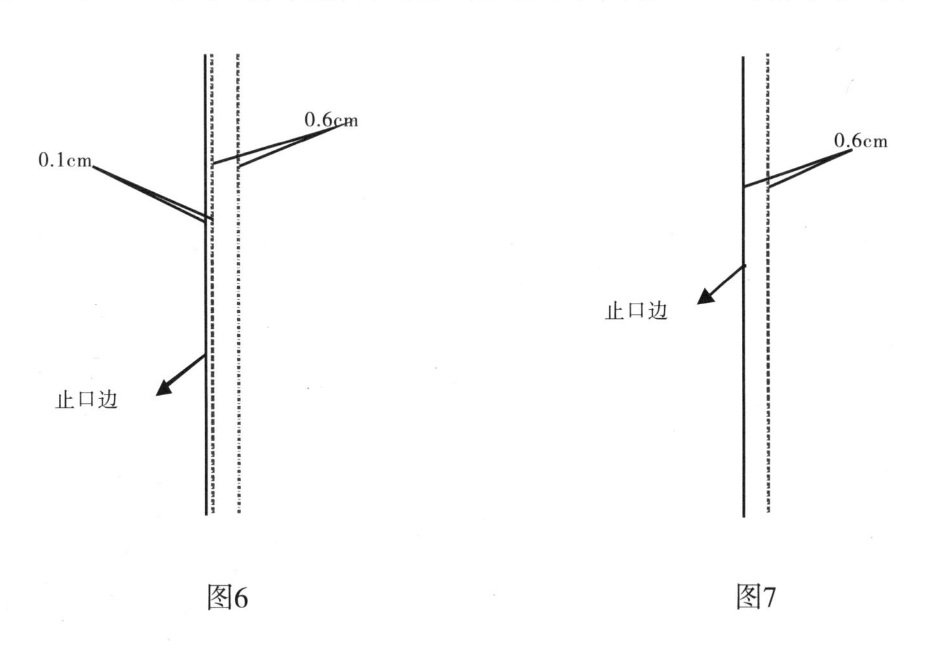

图6　　　　图7

第7节　开袋工艺标准

1. 双唇袋

袋口完成14.5cm长×1.2cm宽；开袋位朴16cm长×3cm宽；做法有两种：①反面毛边，开袋后再加里袋布，袋唇要修大小止口，每层止口要间距0.3cm；②反面光洁，先将里袋布与开袋位定位后再开袋，袋唇连袋贴，袋贴5cm宽，袋贴位不要落朴，下口三线打边，与里袋布一起车住，袋唇要修大小止口，每层止口要间距0.3cm。如图8、图9所示。

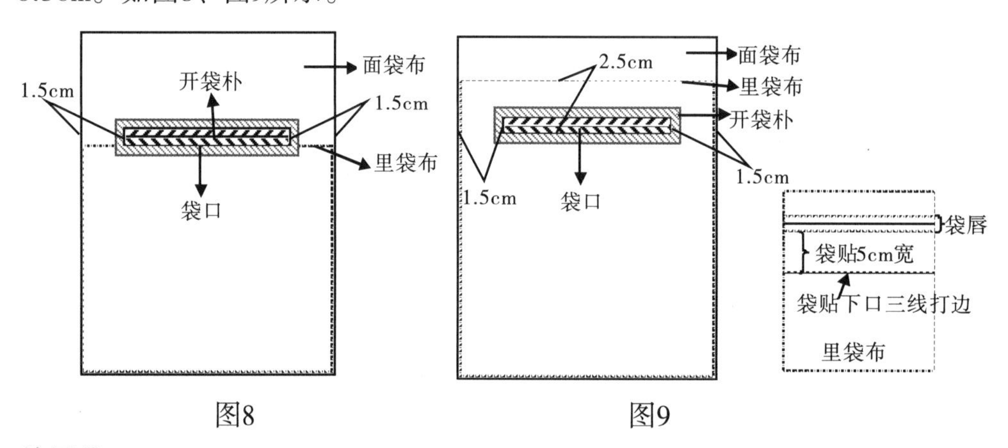

图8　　图9

2. 单唇袋

袋口完成14.5cm长×1.2cm宽；开袋位朴16cm长×3cm宽；面料太厚时，装袋唇要开骨，面层才会平服。做法有两种：①反面毛边，开袋后再加里袋布，袋唇要修大小止口，每层止口要间距0.3cm；②反面光洁，先将里袋布与开袋位定位后再开袋，袋唇连袋贴，袋贴5cm宽，袋贴位不要落朴，下口三线打边，与里袋布一起车住，袋唇要修大小止口，每层止口要间距0.3cm。如图10、图11所示。

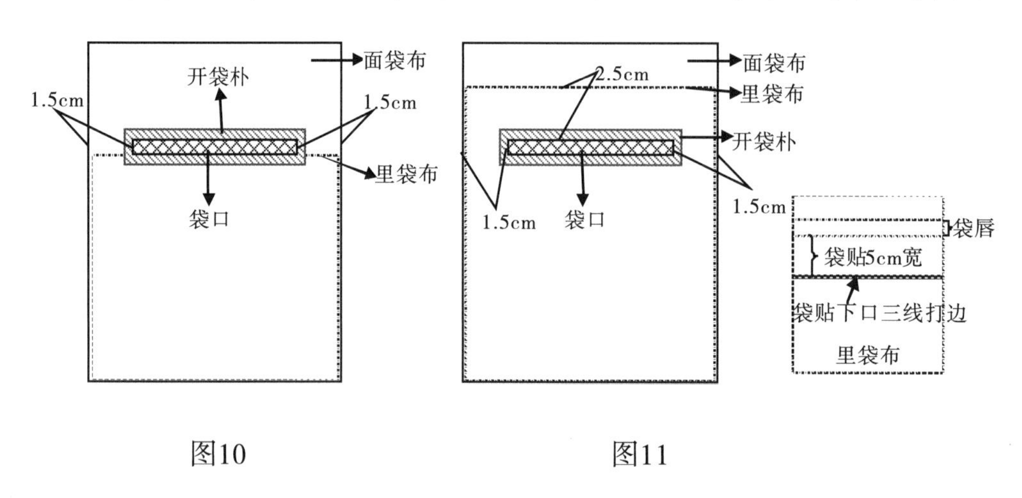

图10　　图11

第8节　做门襟、装挂面工艺标准

1. 按纸样对合修前幅和挂面，注意大身和挂面刀眼齐全，大身门襟、驳口距边0.5cm开始粘1cm宽的直纹朴条，有翻驳线的在翻驳线位粘直纹朴条。
2. 前幅和挂面车翻时要对准刀眼，注意有溶位的地方要溶位均匀，门襟止口修大小止口，大小止口分别是(大身)0.5cm、(挂面)0.3cm。如果门襟不压明线，则需压暗止口线。有翻驳线，上下压暗止口线到距翻驳线刀口位2.5cm处；没有翻驳线，压暗止口线到距领口3cm处。如果门襟压明线，则不需要暗止口线。
3. 车翻挂面脚，挂面风琴脚为0.7cm，如图12所示。

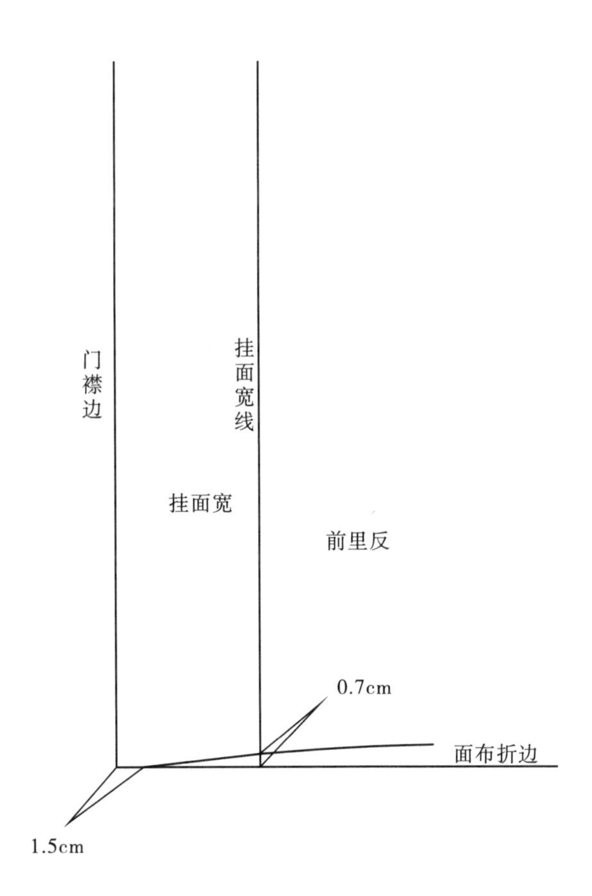

图12

第9节　开衩工艺标准

衩分为碰衩和叠衩，一般宽度为4cm。衩完成要服贴、平顺，不可反翘、起吊，衩完成后要定针。如图13、图14所示。

碰衩——下脚干净完成

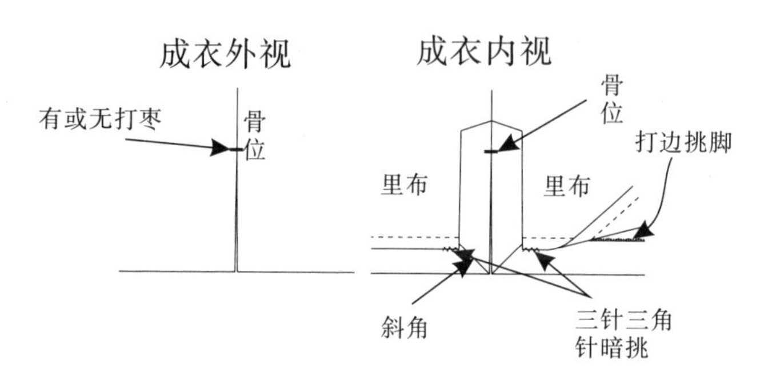

图13

叠衩——下脚干净完成

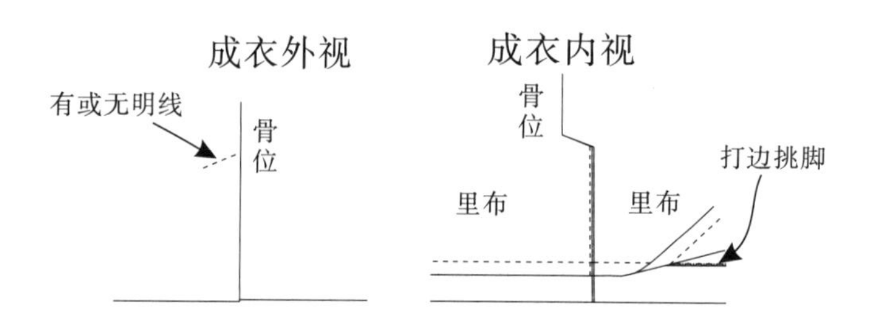

图14

第10节　修止口工艺标准

由于每个款式的不同，每件衣服的分割缝和止口都各不相同，有止口交汇和重叠的地方会导致很厚，所以必须看情况修止口。

1. 有里的服装：压双线或0.6cm宽(及以上) 的单线的止口，要修大小止口，大小止口宽度分别是1cm和0.5cm，有止口交汇和重叠的骨位，必须要打刀口开骨后再压线，注意刀口不能打得太深，脚边、袖口打刀口要在比脚口(袖口)折边宽1cm的位置；其他部位在止口毛边进2.5cm的位置打刀口。
2. 无里的服装：在脚口、袖口位也要打刀口开骨，注意刀口不能打得太深，脚口边、袖口打刀口要在比脚口(袖口)折边宽1cm的位置；其他部位主要以修大小止口来解决厚度问题，如果止口不压线，大小止口修1.5cm长。如图15、图16所示。

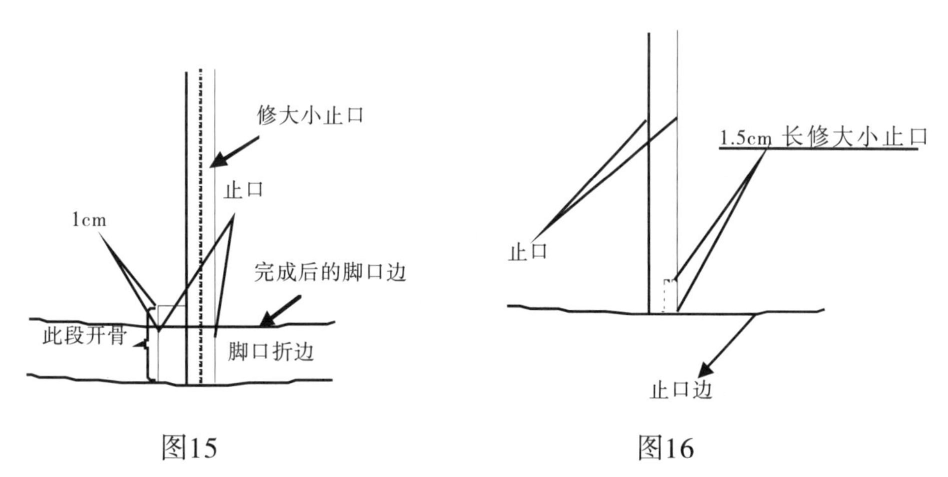

图15　　图16

3. 裙、裤弯腰口内止口必须修大小止口，大小止口分别是腰面0.5cm和腰贴0.3cm。
4. 所有领沿、门襟、腰带以及各种襻内止口必须修大小止口，大小止口宽度分别是领面或大身0.5cm和领底或挂面0.3cm。

第11节　门襟装拉链工艺标准

1. 门襟盖齿拉链装法

通常情况下，从脚口边上2.5cm开始装拉链，门襟止口距边1cm粘1.7cm宽的直纹朴, 门襟边内折1.7cm, 盖齿边(拉链唇)完成宽0.7cm，装拉链后门襟内止口要修大小止口, 大小止口(前幅与挂面)比例1:0.5。如图17所示。

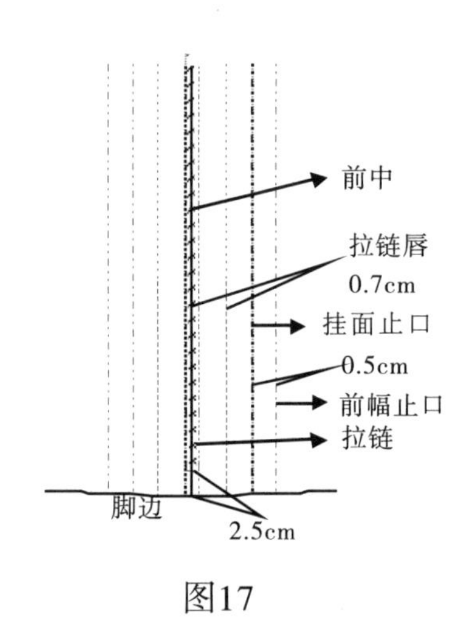

图17

2. 门襟露齿拉链装法

通常情况下，从脚口边上2.5cm开始装拉链，门襟止口距边0.3cm粘1cm宽的直纹朴条，完成后拉链露齿1cm宽，装拉链后门襟内止口要修大小止口，大小止口（前幅与挂面）比例1:0.5。如图18所示。

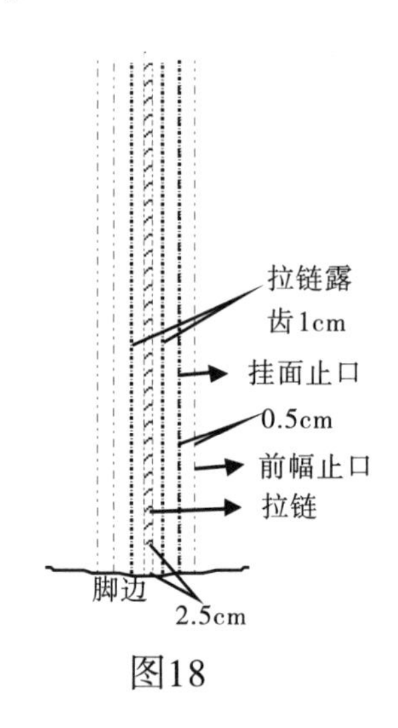

图18

第12节　几种常用领型车法标准

1. 香蕉脚翻领

领沿车翻，面领有松量（根据面料的厚薄，松量会不同），修剪大小止口（面领止口0.5—0.6cm宽、底领止口0.3—0.4cm宽，领尖转角位底面止口都修0.2—0.3cm宽）。如果领沿不压止口线，就在领沿压暗止口线；如果领沿要压止口线，领沿不压暗止口线。领面上下级领拼合，止口修至0.5—0.6cm宽，烫开骨，每边车止口线，底领合缝拼合，止口下倒，修剪大小止口（上级领止口 0.5—0.6cm宽、下级领止口 0.3—0.4cm宽），车止口线，底面领内止口对齐暗线拼合定位。有里布就分缝装底面领，对准刀眼，领圈内止口弯位打刀口、烫开骨，止口对齐暗线拼合定位；无里布则领圈压止口线，内止口修到0.6cm宽。完成后领尖不可反翘，左右领形要对称，后领不可露领脚。如图19所示。

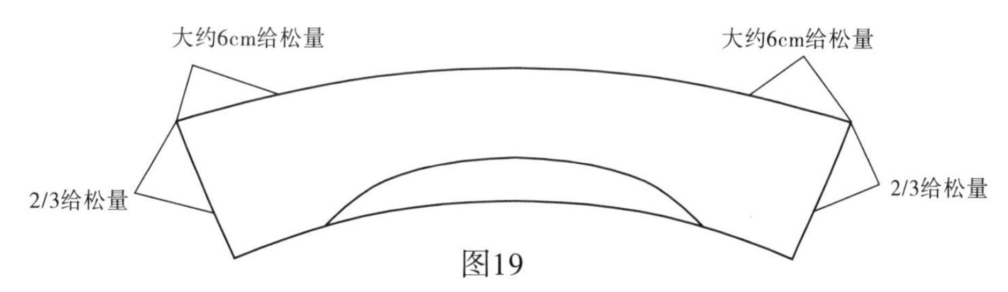

图19

2. 有领座西装领

领沿车翻，面领有松量（根据面料厚薄，松量会不同），修剪大小止口（面领止口 0.5—0.6cm宽、底领止口 0.3—0.4cm宽，领尖转角位底面止口都修0.2—0.3cm宽)。如果领沿不压止口线，就在领沿压暗止口线；如果领沿要压止口线，领沿不压暗止口线。领面上下级领拼合，止口修至0.5—0.6cm宽，烫开骨，每边车止口线，底领合缝拼合，止口下倒，修剪大小止口（上级领止口0.5—0.6cm宽、下级领止口0.3—0.4cm宽），车止口线，底面领内止口对齐暗线拼合定位。有里布就分缝装底面领，对准刀眼，转角方正，领圈内止口烫开骨，止口对齐暗线拼合定位；无里布则领圈压止口线。完成后领尖不可反翘，左右领形要对称，后领不可露领脚。如图20所示。

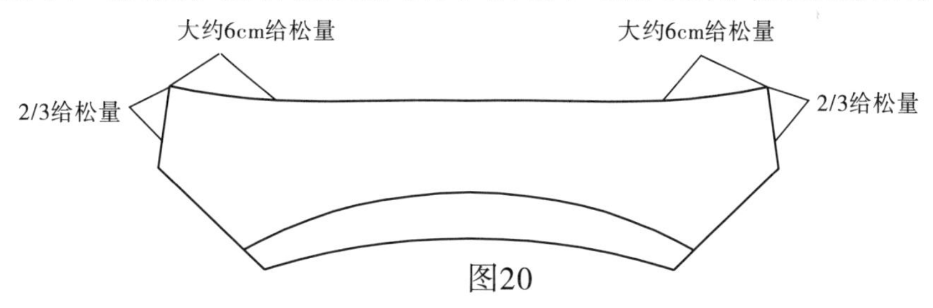

图20

3. 上下级衬衫领

领沿暗线车翻，领尖吊线（翻领用，浅色面料不可用深色线），面领尖有松量（根据面料的厚薄，松量会不同），修剪大小止口（面领止口0.5—0.6cm宽、底领止口 0.3—0.4cm宽，领尖转角位底面止口都修0.2—0.3cm宽），领角可用塑胶板顶烫。如果领沿不压止口线，就在领沿压暗止口线；如果领沿要压止口线，则领沿不压暗止口线。按实样三合一夹上下级领，止口修至0.6cm宽，对三刀眼以止口线夹装领，完成后内外止口线均匀、顺直，领嘴、领角左右对称，领嘴包紧襟边，不可带帽，领尖不可反翘，后领不可露领脚。如图21所示。

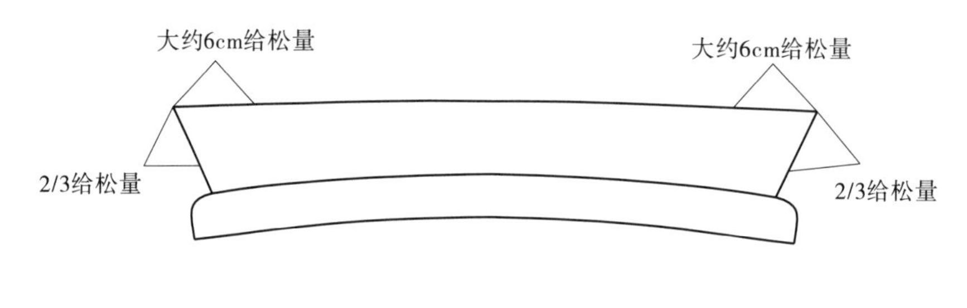

图21

第13节　各种唛头定法

1. 主唛：目前共有四种型号,分1#、2#、3#、4#主唛；如图22、图23、图24、图25所示。

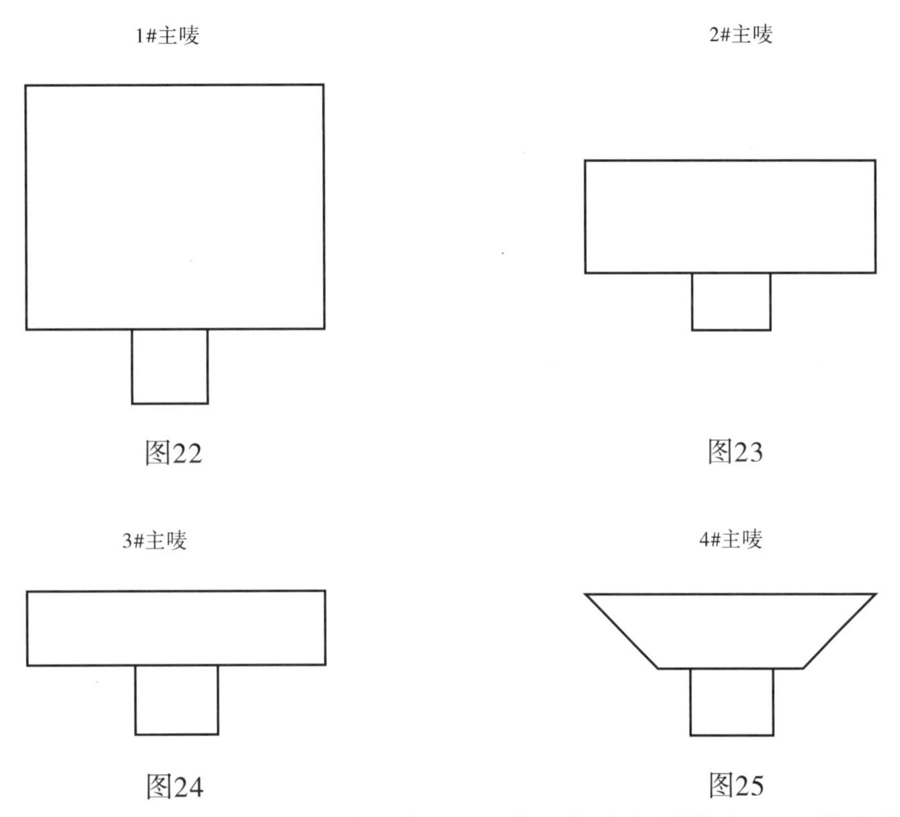

图22　图23

图24　图25

1）1#主唛：主要用于风大衣。后领贴居中2cm下从左侧角起针沿边0.1cm线迹车定，完成后尺码唛外露1.3cm，如图26所示。

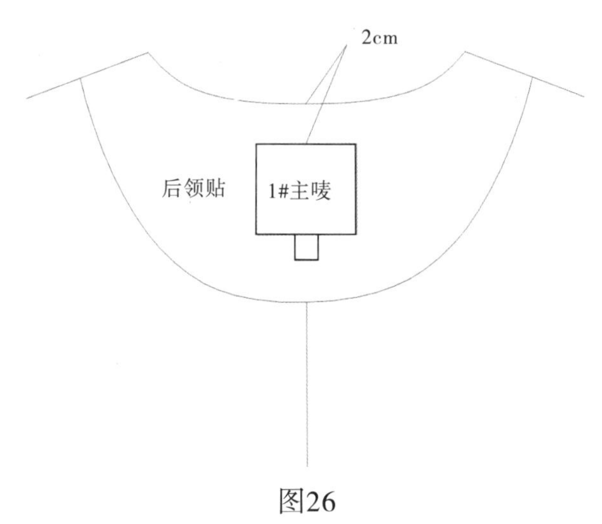

图26

2）2#主唛：主要用于较小件的上衣、西装等。从左侧角起针沿边0.1cm线迹车定，完成后尺码唛外露1.3cm，如图27所示。

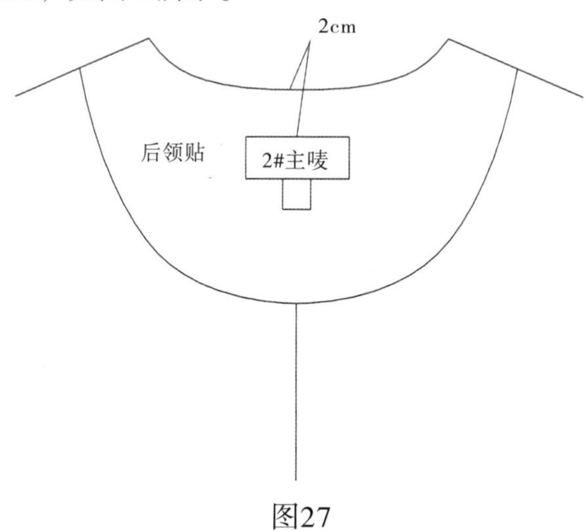

图27

3）3#主唛：主要用于后中有无拉链的连衣裙、裤子和裙子。从左侧角起针沿边0.1cm线迹车定，完成后尺码唛外露1.3cm；毛衫外套从里暗车两边，不露明线。如图28、图29、图30、图31所示。

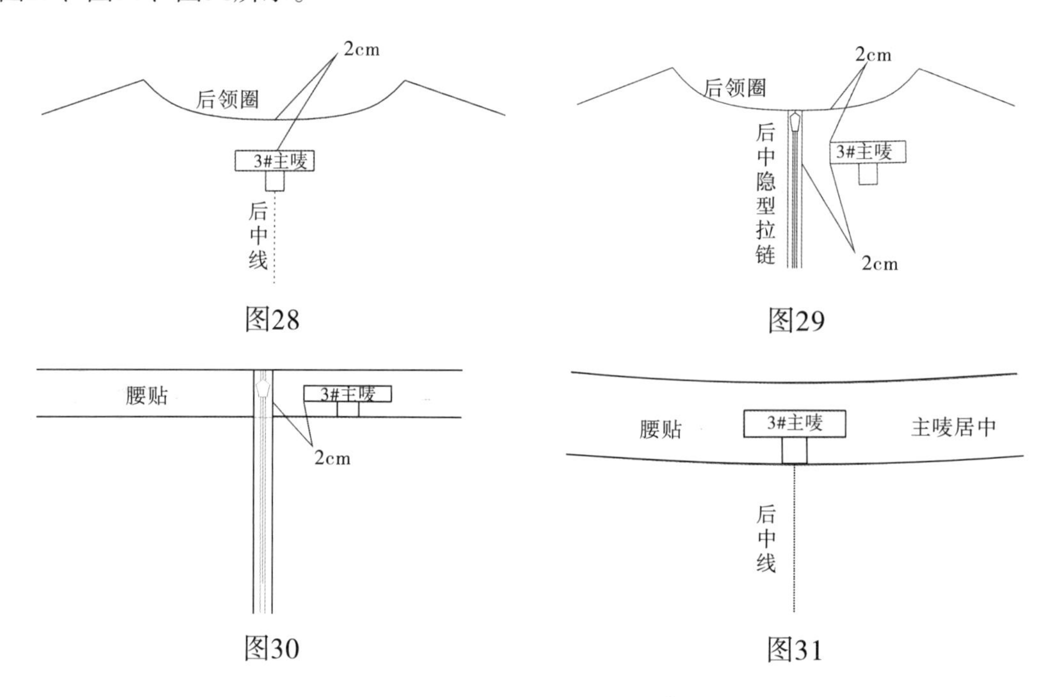

图28　图29　图30　图31

4）4#主唛：主要用于无后领贴衬衣，夹于后领中。完成如图所示，外不可露线迹，尺码唛外露1.3cm，如图32所示。

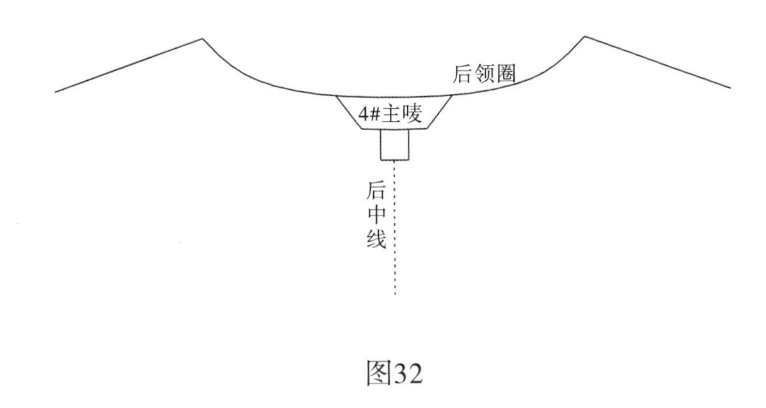

图32

2. 洗水唛

1）上衣洗水唛的装订位置

上衣的洗水唛都夹车于左侧骨，止口顺着面料或里料止口的倒向。不管倒向前幅还是后幅，永远是成分朝上，洗涤朝下。

a．正常情况，洗水唛车订在左侧骨（穿起计）腰节线下10cm的位置起往下车。如图33所示；

b．衣长偏短，如果按腰下8cm的位置订洗水唛，下面觉得太短，所以就从脚上5cm起订。如图34所示；

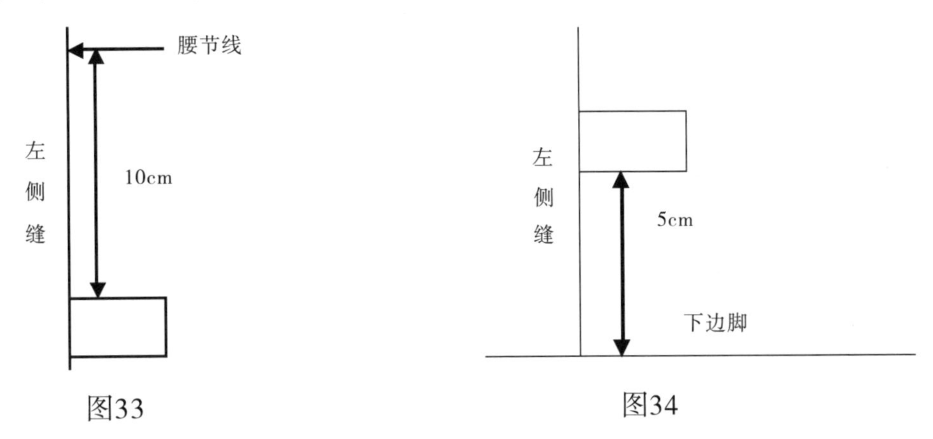

图33　　图34

c . 侧缝开脚衩，腰节线的距离与衩顶太短，就从衩顶上2.5cm起订。如图35所示；

d . 有前后侧缝、但没有常规侧缝的情况下，洗水唛车订在后侧缝的腰节线下10cm处起车。如图36所示。

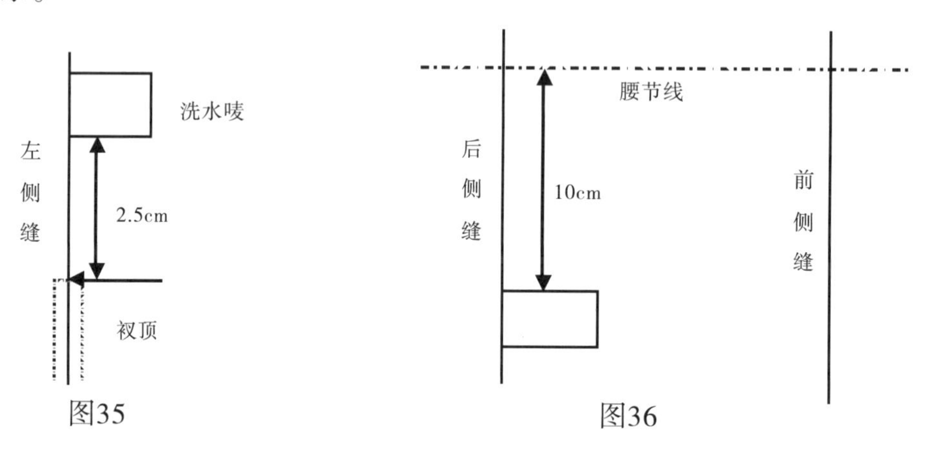

图35 图36

2）下装洗水唛的装订位置

一般裙、裤统一从左侧腰节6cm下夹装洗水唛；一般裙、裤左右侧骨夹装挂耳，长9cm如图37所示。

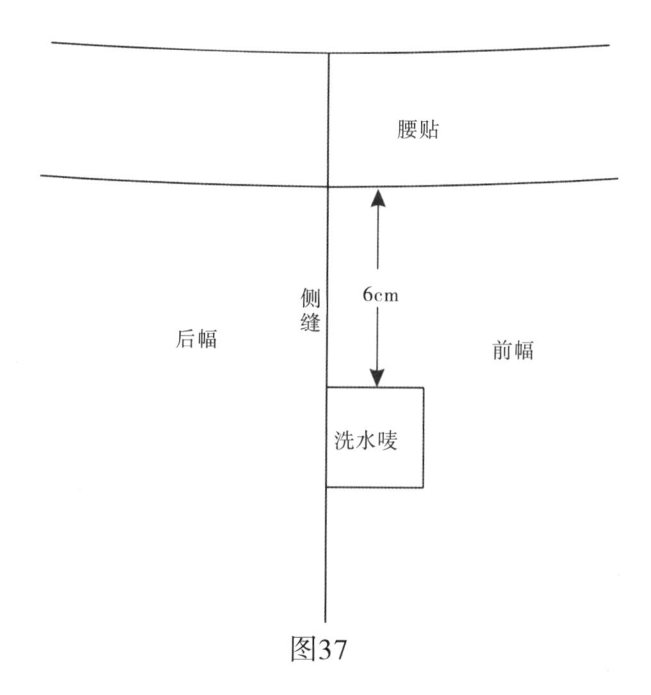

图37

第14节　袖子造型效果工艺标准

所有袖子都要穿人台看效果。袖子左右对称，袖山圆顺自然。

1. 有方向的袖型

据研究表明：女性的手臂下垂自然向前约为6cm，这是体型的平衡关系所决定的。

1）合体两片袖，如图38、图39、图40、图41所示;

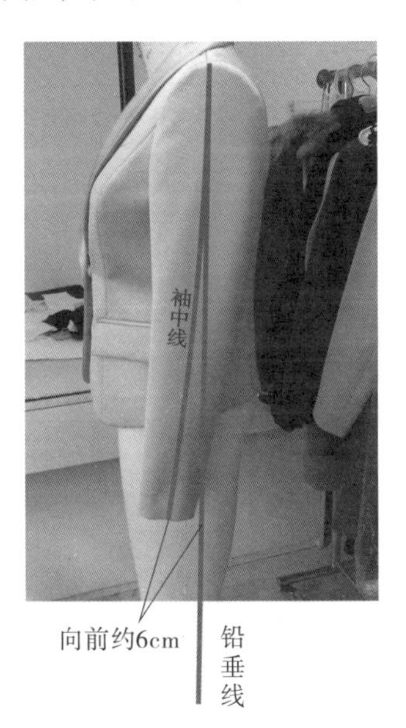

图38

袖底自然下垂状态下，有一些余量(人体活动量)属正常现象

图39

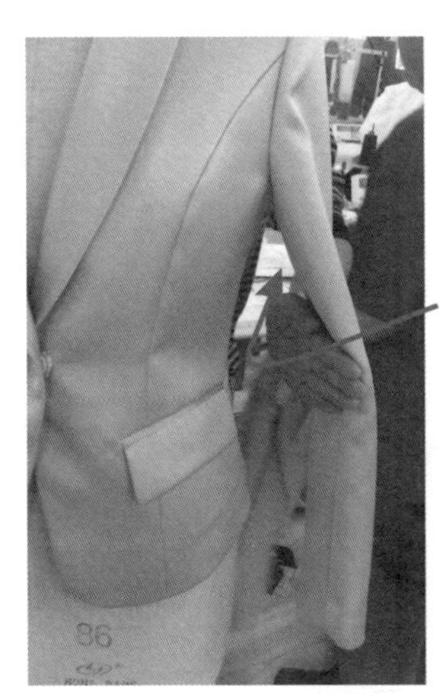

图40

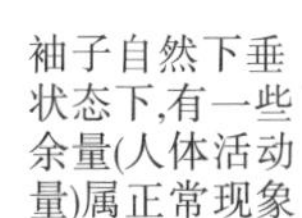

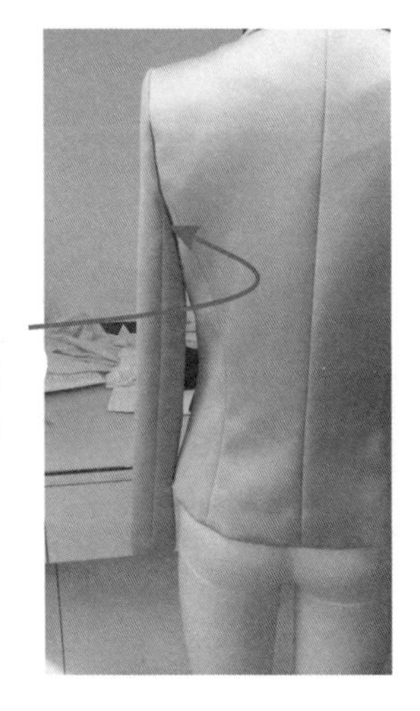

图41

2）合体一片袖，如图42、图43所示。

图42

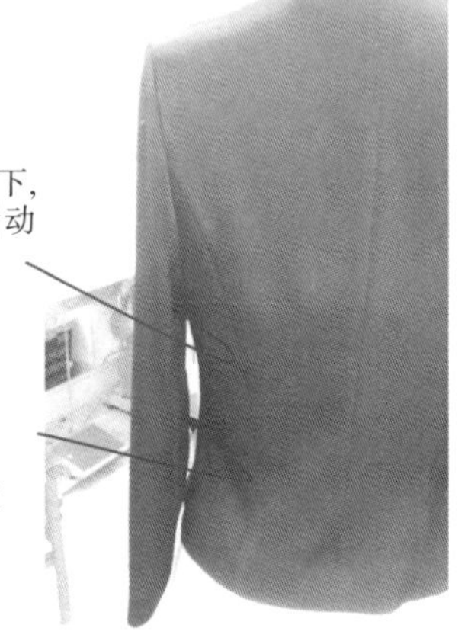

图43

2. 无方向的袖型(衬衫袖)

如图44所示。

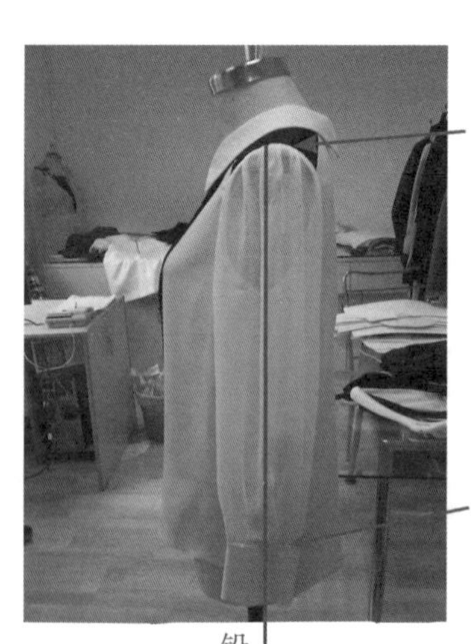

图44

第15节　领型效果工艺标准

1. 圆领：连衣裙没有领贴的，领圈里布上要贴捆条，完成平服。领圈不可外翻。如图45、图46所示 。

圆领在人台上的效果

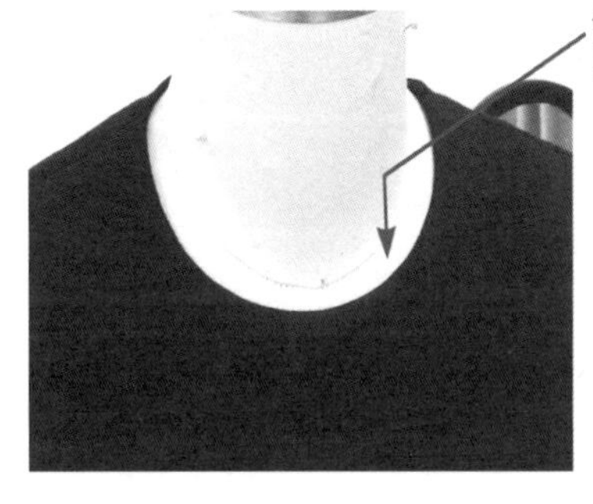

图45

圆领挂装的效果

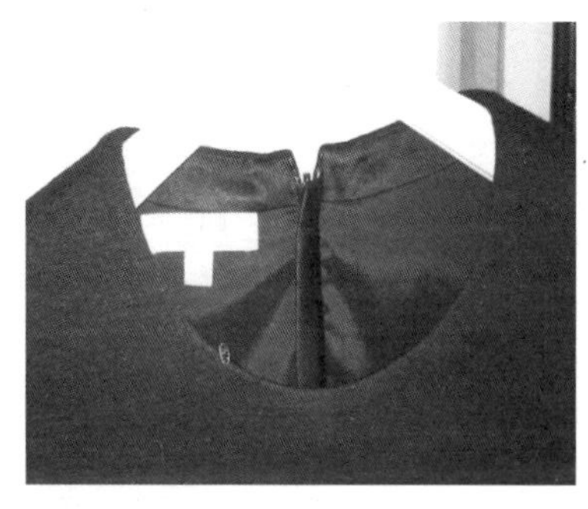

图46

2. V型领：连衣裙没有领贴的，领圈里布上要贴捆条，完成平服。领圈不可外翻。如图47、图48所示。

V型领在人台上的效果

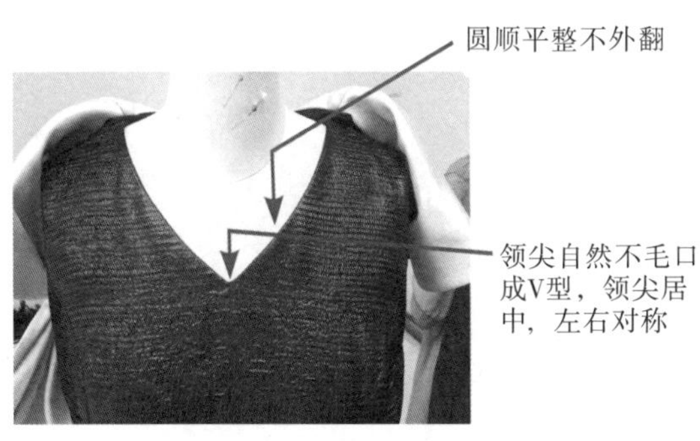

图47

V型领挂装的效果

图48

领型效果工艺标准

3. 翻领：领口自然圆顺，领尖不可反翘。如图49所示。

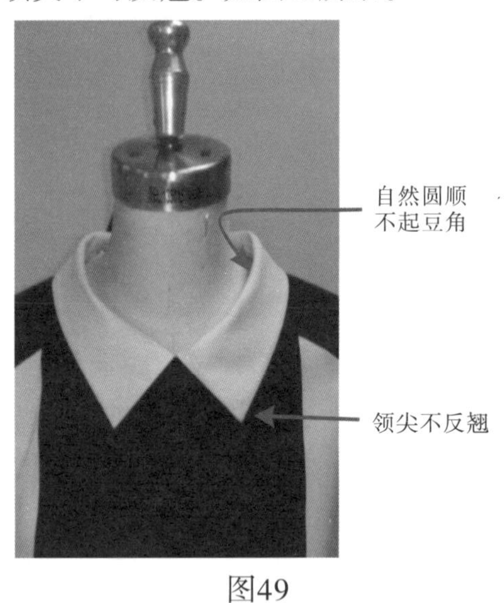

图49

4. 驳领：领尖、驳头不可反翘，驳口线要柔和圆顺。如图50、图51所示。

驳领在人台上的效果

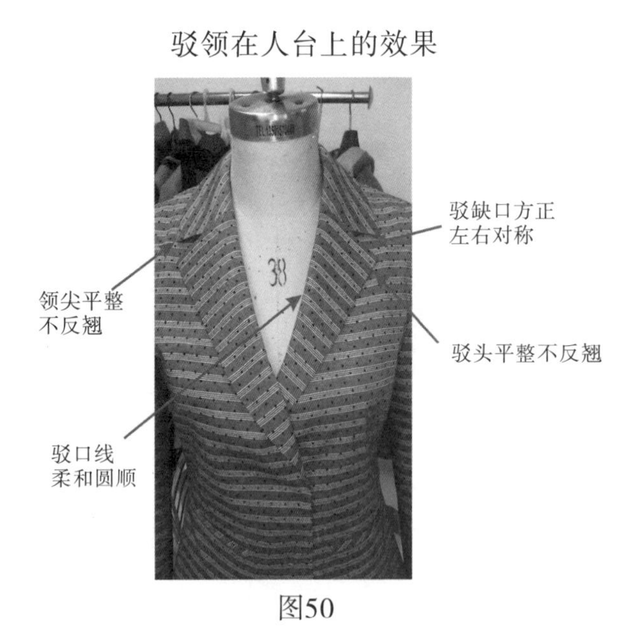

图50

驳领挂装的效果

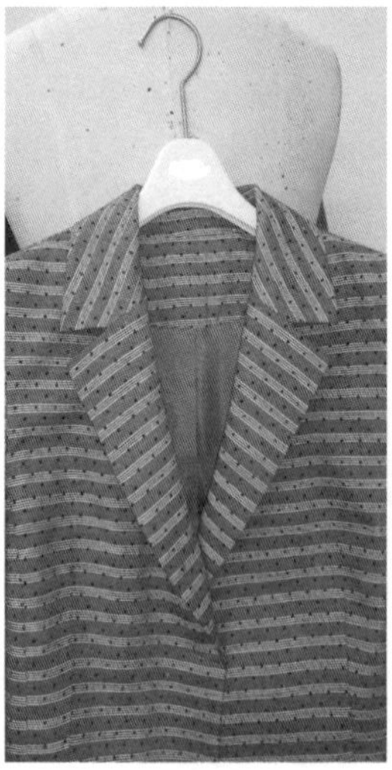

图51

第16节　质量检查标准

一、成品质量检查标准

尺寸测量检查、外观平顺。

1. 穿人台外观检查或人体试穿；
2. 衣身长不能有前短、后长现象；
3. 前门襟修剪止口大小宽窄一致，平顺，不能弯曲，不交叉、叠叉；
4. 拼合缝骨位要顺畅，不能弯凸；
5. 裤内外侧缝平顺，左右腿不能有甩腿、起扭现象；
6. 拼肩缝位要顺直，不能起扭；
7. 口袋位，斜袋、弯袋要服帖，不能张口，要美观；
8. 对条、对格是否按工艺要求完成。

二、缝制质量检查

1. 装领、装袖要圆顺，溶位均匀，要美观；
2. 所有拼合缝平顺，不能起吊、起扭，下脚也要平顺，不能有凹凸现象，要美观；
3. 前门襟装拉链的款式不能变形，要平顺、自然、美观、顺畅；
4. 有里布的款式，下脚边、袖口边要有风琴位，风琴位宽窄一致，不能过短，不能起吊或里布过长现象存在，各骨位定位回针要牢；
5. 里布内缝拼合缝，线路不能过紧，平顺，不能起皱，烫痕不能外漏。

三、牢固度质量检查

1. 扣子要牢固，打结回针要牢固，不可抽散；
2. 订珠(片)用双线，打结回针牢固，不可抽散；
3. 烫珠(钻)，不脱落；
4. 面料是否有色差(3.5级以上)。

四、不允许存在的明显质量问题

1. 有里布款式，内袖口无封口；主唛车倒，无洗水唛；
2. 大身、袖口里布过长、外漏；
3. 袖长、裤长左右长短不一致；
4. 裤脚口、袖口宽度不一致；
5. 前门襟长短不一致；
6. 拼合缝骨位烫起痕、烫发亮较严重（影响外观）；
7. 裤内外侧缝、拼缝不平顺，起扭、甩腿现象严重；
8. 左右小肩长度有偏差不一致；
9. 口袋有高低、宽窄不一致；
10. 后中缝不对格，前左右片错格严重（影响外观）；
11. 前门襟拉链起拱、变形、不美观；
12. 订扣不牢固、脱落；
13. 烫珠(钻)不牢、脱落；
14. 翻领款式领角反翘，溶位不到位；
15. 全件衣服面料有明显色差；
16. 吊牌挂错款号、订错洗水唛。

第四章

服装工艺瑕疵检查

服装成衣是经过制板、放码、裁剪、车缝、熨烫订钮等一系列的工序所完成，如果这一系列的工序中有一项出现偏差，就会导致服装次品的产生。服装成品分为一等品、二等品、三等品（次品）。建立视觉瑕疵标准，就为工厂后道品质检验员给服装成品分级提供了参考依据。

第1节 服装瑕疵区域分类

我们把所有的服装都分为A、B区。

A区属于视觉非常明显的部位，决不允许出现瑕疵，有瑕疵就是废品。

B区是属于视觉不是特别明显的地方，分为严重和轻微瑕疵，部分轻微瑕疵可以作为二等品。

半截裙A区

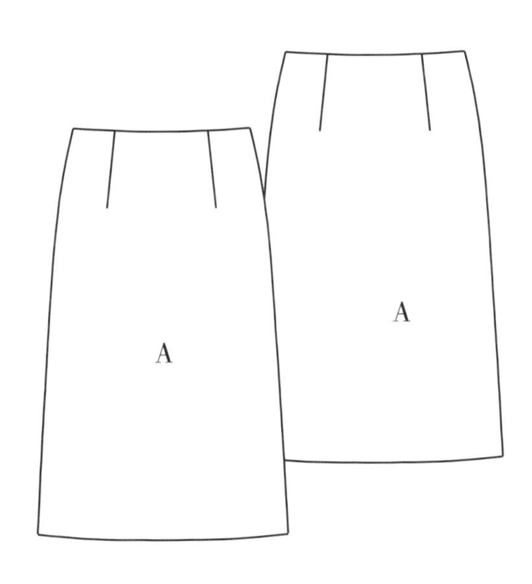

长裤A/B区

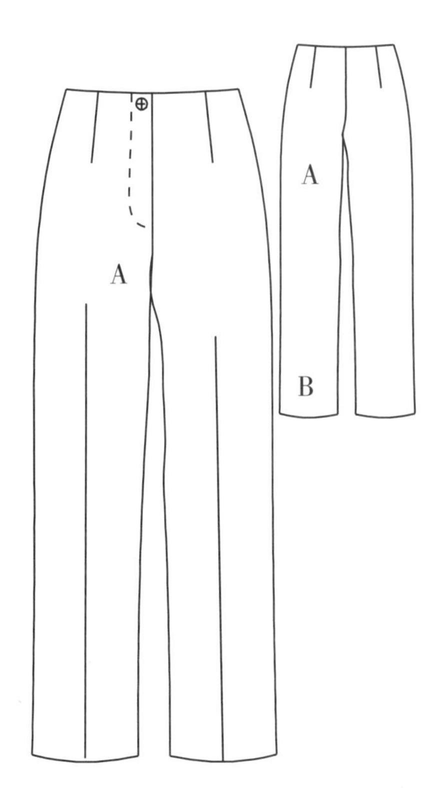

服装瑕疵区域分类

服装瑕疵区域分类

外套A/B区

连衣裙、礼服A/B区

服装瑕疵区域分类

风大衣A/B区

第2节 面料瑕疵检查

A. 面料

瑕疵类别	A 区	B区
A1.污渍	严重	严重
A2.布斜纱超4%	严重	严重
A3.摩擦不合标准，摩擦度不良易脱色	严重	严重
A4.色差	严重	严重
A5.布痕裂痕	严重	严重
A6.印花不良	严重	严重
A7.大货布与样板布不对	严重	严重
A8.毛向没按规定	严重	严重
A9.格子花没按规定	严重	严重
A10.印花颜色或图案错误	严重	严重
A11.花纹错色	严重	严重
A12.布次断纱	严重	严重
A13.抽纱	严重	严重
A14.擦伤痕	严重	严重

第3节　线迹与拼缝瑕疵检查

B. 线迹

瑕疵类别	A 区	B区
B1.针距不正确	严重	严重
B2.压线或对色线不均匀	严重	严重
B3.线迹太紧或太松	严重	严重
B4.两针或以上跳针	严重	严重
B5.断针	严重	严重
B6.车线落坑≥0.3cm	严重	轻微
B7.缝头尾没回针或开裂	严重	严重
B8.针迹不匀大小差1针	严重	严重
B9.针洞	严重	严重
B10.腰头压暗线外露	严重	轻微

C. 拼缝

瑕疵类别	A 区	B区
C1.褶长不匀≥0.5cm	严重	轻微
C2.松位过多	严重	严重
C3.拼缝起皱	严重	严重
C4.拼缝时两边未对齐超过1/4	严重	严重
C5.爆缝	严重	严重
C6.拼缝接线过多	严重	严重
C7.成衣外面起皱	严重	严重
C8.缝份不均匀	严重	严重
C9.缩褶不均匀	严重	严重
C10.拼缝不牢固	严重	严重

第4节　烫朴与部件瑕疵检查

D. 烫朴

瑕疵类别	A 区	B区
D1.布面不良	严重	严重
D2.变色	严重	严重
D3.起泡	严重	严重
D4.面朴之间有异物	严重	严重
D5.朴过胶	严重	严重

E. 部件

瑕疵类别	A 区	B区
E1.袖介英完成不均匀或方向错误	严重	严重
E2.部件上接线	严重	严重
E3.明显的格条不对称	严重	严重
E4.部件之间存在色差	严重	严重
E5.担干或部件之间不对称	严重	严重
E6.相关连的部件之间不对称	严重	严重

第5节　下摆与裤、裙、短裤瑕疵检查

F. 下摆

瑕疵类别	A 区	B区
F1.挑脚外露	严重	严重
F2.下摆不平或扭曲	严重	严重
F3.定型走线外露	严重	严重
F4.两针或以上的跳针	严重	严重
F5.下摆压线不均匀（线至边）	严重	严重

G. 裤、裙、短裤

瑕疵类别	A 区	B区
G1.腰头未对齐≥0.3cm	严重	严重
G2.裤腰头扭曲	严重	严重
G3.裤脚斜2cm或4%	严重	严重
G4.左右裤脚长不一致	严重	严重
G5.腰头宽窄超过0.3cm	严重	严重

第6节 纽扣、撞钉、钮门、钮与口袋瑕疵检查

H. 纽扣、撞钉、钮门、钮

瑕疵类别	A 区	B区
H1.纽扣不良	严重	严重
H2.钮眼位错位超过公差	严重	严重
H3.扣眼不良	严重	严重
H4.扣眼与扣位不对齐超过0.3cm	严重	严重
H5.钮扣不能少于8针	严重	严重
H6.钮扣线穿透里布	严重	严重
H7.漏钉钮扣或撞钉	严重	严重
H8.同一件衣服上纽扣有色差	严重	严重

I. 口袋

瑕疵类别	A 区	B区
I1.口袋不直超过0.3cm	严重	严重
I2.袋布外露	严重	严重
I3.口袋位置高或低超过0.3cm	严重	严重
I4.袋唇不密封	严重	严重
I5.袋唇不平服	严重	严重
I6.袋角处毛边	严重	严重
I7.袋角不直	严重	严重
I8.袋盖不对称	严重	严重
I9.袋盖起皱	严重	严重
I10.袋盖打褶或起泡	严重	严重

第7节　腰带与整洁度瑕疵检查

J. 腰带

瑕疵类别	A 区	B区
J1 .烫焦	严重	严重
J2.边缘没烫直	严重	严重
J3.里布起皱	轻微	轻微
J4.烫迹线没按标准（包括下摆）	严重	严重
J5.烫痕	严重	严重
J6.相关连部位烫得不对称	严重	严重
J7.底里层没有整烫到位	严重	严重

K. 整洁度

瑕疵类别	A 区	B区
K1.面里之间有可见线头	严重	严重
K2.整烫后的条痕	严重	严重
K3.油污渍	严重	轻微
K4.贴纸贴标撕后留有胶质或粘液	严重	严重
K5.水渍	严重	严重

第8节 成衣瑕疵检查

L. 成衣

瑕疵类别	A区	B区
L1.伤损度超过标准	严重	严重
L2.任何不良的部件	严重	严重
L3.任何有洞或明显的瑕疵	严重	严重
L4.里面线头超过2cm(打褶除外)	轻微	轻微
L5.面里之间有3个或以上线头(团)	严重	严重
L6.打褶后线头少于2cm	严重	严重
L7.打褶后线头超过3.5cm	轻微	轻微
L8.外部线头超过0.5cm	严重	严重
L9.裤耳钉线不牢固	严重	严重
L10.裤耳位置超过正确位置0.5cm	严重	
L11.缝位太大	严重	轻微
L12.领子不对称	严重	
L13.领对点位>0.3cm	严重	
L14.上领线外露	严重	
L15.缝合不良	严重	
L16.角或边翻起来不平	严重	
L17.前压线不均匀	严重	
L18.起豆角或门襟宽不均匀	严重	
L19.褶型不良或末端起窝	严重	严重
L20.前后下摆不一致	严重	严重
L21.污渍在成衣表面	严重	严重
L22.浮线或线头在成衣表面或里面	严重	严重
L23.洞	严重	严重
L24.手缝线不良	严重	严重
L25.朴或肩垫外露	严重	严重
L26.条格未对齐	严重	严重
L27.色差	严重	严重
L28.部位有扭曲	严重	严重

成衣瑕疵检查

瑕疵类别	A区	B区
L29.袖山走线外露	严重	
L30.色点、斑点	严重	轻微
L31.吊带不对称超0.3cm	严重	严重
L32.前襟不直	严重	严重
L33.内里外露	严重	轻微
L34.口袋不对称致宽窄>0.3cm	严重	
L35.侧衩不平	严重	严重
L36.扣眼尺寸错误	严重	严重
L37.勾纱	严重	严重